给孩子的
实用科普书

〔日〕阿部健一 / 著　　丁虹 / 译

动物生活图鉴

〔日〕mirocomachiko / 绘
〔日〕佩可莉 / 绘
〔日〕早川宏美 / 绘

云南出版集团
YNKJ 云南科技出版社
·昆明·

所有的动物都很了不起

在地球上生活着许许多多的动物，
有大象、长颈鹿等体形硕大的动物，
也有像蚂蚁、西瓜虫那样的体形微小的动物，
还有肉眼看不见的动物……

当然，人类也是动物。
只不过，有许多人会想当然地认为，
在所有的动物当中，只有人类才是特别了不起的。

然而，哪一种动物不特别呢？
尤其是我们对它们努力生存的状态了解得越多，
就越会这样去想。

它们的生存状态似乎在提醒着我们人类：
在努力生活的同时，还有我们需要珍惜的东西。

目录

它们会在自然界中
寻找食物。

有时会被
其他动物吃掉。

有时追赶猎物，
有时被天敌追赶；
有时卷入争斗，
有时躲在巢穴里。

吟

被吃

动物们都在为了生存，
竭尽自己的全力。

动物们为了寻觅恋爱对象，
用各种方式显示自己的美丽。
也会跳跳舞，赠送礼物，等等。

雄性动物之间，
为了比试哪一个更强壮而展开搏斗。
强壮的雄性会被雌性选中。

雌性动物希望能生下强健的孩子，
繁衍更多的子孙。

生儿育女
延续生命

为了不让天敌夺走生命，
动物伙伴之间要互相帮助，
以此来保护自己。

有些动物会组建一个庞大的群体一起生活，
有些动物会和有血缘关系的家人一起生活。
动物伙伴们互相依靠，互利共生。

为了能吃到更多的食物，
尽可能地延长寿命，
它们会协同合作来共同获取食物。

伙伴之间
相扶
相帮

新的生命通往未来。
有些动物伙伴的生命被夺走了，
却使其他动物伙伴的生命得到了延续。
在动物界中，所有动物的生命

许许多多的生命

都是相互重叠、紧密相连的。

当然，包括人类也是这连接的一部分。

动物和人类有什么不同呢？

说到底，真的有那么不同吗？

紧密相连

住在哪里好呢？

自然界中的动物都在哪里生活呢？
你认为动物们喜欢在什么样的地方生活呢？
不同的动物应该有其特别的
"在此居住的理由"。

住在有食物的地方

领地就是家一样的存在

人类一般是按照早晨、中午、晚上这三个时间点吃饭的，也就是我们通常说的一日三餐。打开冰箱，总会有一些食物摆放在那里。进入超市，就会轻松获取食物。

但是，在动物们的世界里，没有冰箱，也没有超市。要想获得食物，必须自己去争取。

因此，动物们就会选择住在离食物较近的地方。

千辛万苦寻找到的食物，也要千方百计地加以保护，不让对手们抢走。要想好好活下去，就必须这样做。因此，动物们就会确定自己的居住领域，比如，"从这儿到那儿是自己获得食物的场所"，也就是自己的"领地"。

美洲狮

进入领地的猎物
谁都别想拿走!

雄性美洲狮会拥有方圆
9千米大的领地。雌性
则在雄性一半左右大的
领地里居住。

撒尿来确定领地

许多动物会留下尿的气味,以
便将自己领地的范围传达给其
他动物。小狗和小猫散步时会
撒尿,当然一方面是为了排便
和排尿,但同时也有彰显领地
的用意。

动物们经常会环顾四周,以防止自
己的领地被外敌侵入,同时将试图侵入
领地的"不法分子"驱逐出境。

领地对动物们来说,或许是家一般
的存在。

动脑想一下

人类也有"领地"吗?

人类跟动物一样,也会有"领
地"吗?

比如说,学校、公园、朋友
的家和便利店等等,这些大家经
常光顾的地方,也许就是领地一
样的所在。

大家经常去的场所、自己一
个人也能去的场所,以及去了就
会感到安心的场所……大家的领
地,究竟是从哪儿到哪儿呢?随
着年龄的增长,领地也会逐渐扩
大吗?

让我们围绕人类的领地这个
话题好好想一下吧!

住在哪里好呢？

棕熊

**待在巢穴里
不被外敌袭击**

在冬季，熊会在巢穴里冬眠，但并非一直睡觉，而是会在巢穴中产子，也会在那里育儿。

住在安全的地方

天敌很少，户外居住

在北极居住的白熊（又名北极熊），它们的天敌只有虎鲸之类，所以，北极熊没有棕熊那样的巢穴，即便在寒冷的冬天，也会在户外生儿育女。

北极熊

巢穴和家是为了什么而存在的？

在自然界里的动物们，除了有自己会食用的猎物之外，还有会吃掉自己的敌人。对，也就是动物们的天敌。所以，不能只是一味地考虑食物问题，也必须要考虑如何对抗天敌，保护自己。

所以，动物们会尽可能住在不会有天敌的地方。特别是在育儿阶段，为了保护还很弱小、容易被天敌袭击的幼崽，就要筑建巢穴，打造自己的家。

为了在风雨、酷热、严寒等恶劣的环境下保护自己、安全地生活，人类建造了自己的家。

在树上能睡觉吗？

像日本松鼠一样，趴在树上睡一觉，会是什么样的感觉呢？

如果有机会上树的话，就体味一下在树上生活的动物的感受吧。

因为害怕从树上掉下来，所以，可能很多人会认为在树上很难安心睡觉。

如果准备在树上造一所房子，那么试着想一下，你会希望建造一所什么样的房子呢？

嗯……
扮成动物体验一下

日本松鼠

爬到树的最顶端！

喜欢呆在安全的树上，会用树枝和树皮，做成圆形的巢穴。

日本蜜蜂

建在悬崖的自然要塞

因为它们的天敌——熊爬不上悬崖，所以蜜蜂会选择在悬崖上筑巢。人们利用蜜蜂的这一习性，在悬崖上放置巢箱，采集蜂蜜。

家燕

一旦有人类的气息，外敌也不会靠近

在人类的住房和商店等建筑的屋檐下筑巢比较多。因为人类进出较多的场所，乌鸦之类的天敌来得就会比较少，相对安全。但是，在商店休息的日子里，人类进出较少，乌鸦有时也会突如其来地到访。

为没有食物的时期做准备

在想要吃东西的时候，却什么也没有，一定会感到很沮丧。这种感觉，不管是什么样的动物，应该都一样。

为了在肚子饿的时候马上能吃到东西，就会想尽可能多地囤积些食物。为了应对食物会渐渐变少的冬季，储存食物的动物会比较多。

那么，怎样储藏食物比较好呢？

储藏食物的家

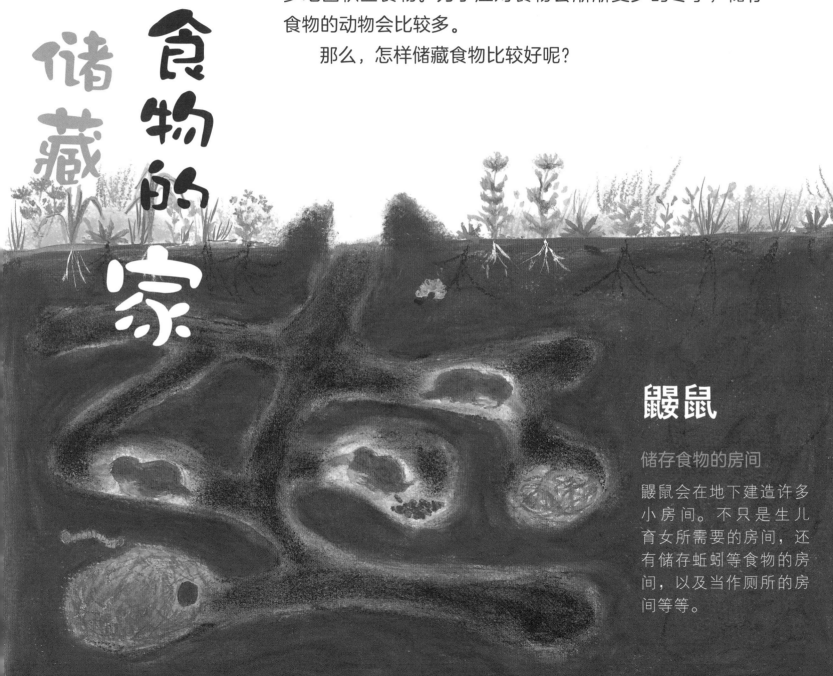

鼹鼠

储存食物的房间

鼹鼠会在地下建造许多小房间。不只是生儿育女所需要的房间，还有储存蚯蚓等食物的房间，以及当作厕所的房间等等。

大多数的动物会在巢穴中储藏食物。在食物比较丰富的时候，它们会把食物藏在土地里，或者藏在大树上的巢穴等地方。

人类也会在家中储备些食物，以应对大地震和台风等自然灾害。

那么，在你们各自的家里面，会储藏些什么样的食物呢？请大家也都想一下吧。

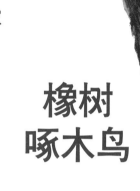

橡树
啄木鸟

食物藏在哪里好呢？

动物们会把自己最珍贵的食物藏到巢穴中，希望以后慢慢享用。那么，如果是你，你会把自己喜欢吃的珍贵的点心存放到哪里呢？放在书桌的抽屉里？还是床底下？或者你也可能把它揣在口袋里吧。

让我们想一想，怎样能预先找到一个不易被他人发现的食物隐藏地。

会收集好多橡子的橡树啄木鸟

橡树啄木鸟会在树干或建筑物的墙壁上，用喙啄出一个个洞来，然后，把作为食物的橡子埋进小洞里，储存起来。以家庭群体的方式生活的啄木鸟，会团结互助，囤积大量的食物——橡子。

1 家

住在哪里好呢？

保护自己、不被天敌侵犯的家

海狸

万全的保卫措施
用水坝筑成的家

在河边筑建一个山一般隆起状的巢穴，然后堵住河水，像水坝一样在巢穴周围蓄水，一个让外敌无法靠近的安全的巢穴就建成了。

海狸特别擅长游泳，它会从水下潜入，进入巢穴。生儿育女也是在这个巢穴里。如果下雨后河水上涨，它们可以将堵住洪水的堤坝毁掉一部分，借以调节巢穴里的水量。

为了更加安全地生活所做的努力

家是为了保护自己而建造的。

人类的家也是一样。人们为了更加安全地生活，做着各种各样的努力。比如，建造能抵御大地震的结实房屋。在寒冷刺骨的严寒地区，为了更加保暖，人们也会在家里的墙壁和地板等地方下点功夫。

仙人掌鹪鹩

被仙人掌的刺守护的家

鹪鹩（jiāoliáo）在仙人掌丛中筑造的巢穴里生儿育女。巢穴周围都密布了仙人掌的尖刺，让身材较大的天敌无法靠近它。

而动物的家（巢穴），除了理所应当有防御风雨的用途，还有一个重要目的，那就是抵御外敌入侵，保护自己。

不只是保护自己的身体不受侵害，也是为了保护孩子，让子孙后代得以延续。我们要利用自然和自己的力量，尽可能地为安全的生活做出自己相应的努力。

城池外围的"护城河"是做什么的？

在许多城池的四周，都会环绕着一个被称作"护城河"的人工沟渠。而且，每座城池几乎都有堆垒得高高的石墙。

那么，你知道为什么会有护城河和石墙吗？

游过护城河需要花很长的时间，石墙也不是轻易就能攀爬上去的。二者都是为了防止敌人的进犯，保护城中的百姓而费心修筑的。

好呢？住在哪里

哺育幼崽的家

住在能

胡蜂

用难闻的气味击退蚂蚁

胡蜂会把咬下来的树叶和唾液混合在一起，筑建巢穴。蜂巢里会有好多用来哺育幼崽的房间，一个大的蜂巢甚至会有一万多个房间。它们会在巢穴外面涂上一层散发着天敌蚂蚁讨厌的气味的东西，以防止蚂蚁入侵。

想要保护儿女的父母之爱

在动物家族中，有哺育子女的，也有不哺育子女的。

比如，鸟类产下卵后，还要进行漫长的孵化过程。等卵变成鸟雏儿后，还要一直照顾它，直到它能自己飞走觅食为止。

而另一方面，鱼在产下卵后，就不会哺育子女。这样，卵被天敌吃掉的危险性很大，所以，为了延续后代，鱼会产下很多很多的卵。

对于会育儿的动物来说，安全的家是必不可少的。所以，它们就想尽办法，筑建了各种用来育儿的巢穴。

土地下面好暖和！

与野兔不同，刚出生的穴兔宝宝没有毛发。为了让宝宝不感到寒冷，穴兔就会在温暖的土地下面筑巢，铺上柔软的草，生儿育女。

海马

穴兔

爸爸的身体就好像我们家一样啊！

在巢穴里育儿的罕见的鱼

这是一种极其罕见的筑巢鱼。雄性九刺鱼会用自己分泌的黏液把水草粘在一起，筑成像高尔夫球那么大的巢穴。照顾从卵孵化出来的鱼宝宝，就是雄性九刺鱼的神圣使命。

远东九刺鱼

爸爸的肚子就像婴儿床？

雌性海马会将卵产在雄性海马的身体里。海马爸爸的身体里覆盖着柔软的褶皱，这些褶皱将卵温柔地环抱着，里面可以孵化出大约 2000 只的海马宝宝。

好呢？
住在哪里

住在能移动的家

乌龟

**身体笨重，行走不便
安全上绝不含糊**

从出生时开始，乌龟的身体就被一个叫作"甲壳"的硬壳所覆盖。随着体形越来越大，反复蜕皮，甲壳也逐渐变大。遇到外敌来袭时，乌龟就会将头、手和足缩进甲壳里来保护自己。

蜗牛

家和身体合为一体

它一出生就有壳。壳作为身体的一部分，里面还有内脏。当空气变干燥时，它的身体就会缩进壳中，并在出入口处分泌出一种黏液，形成一个保护膜，用来防止身体变干。

安全便利的生活

如果有一个安全又舒适的好房子，能随时随地将它移动到自己喜欢的场所，那岂不是太方便了？！

到哪里都能休息，即便突然降雨也不怕。可以一边进行世界旅行，一边快乐生活。

在动物家族中，有些动物身体的一部分就是自己的巢穴。

如果有一个能容纳自己的身体那般大小的家，应该很容易就可以搬走。即便突然被外敌袭击，也能迅速逃往自己的家中，就很安心。

寄居蟹

**伴随着成长
周而复始地搬家**

当它发现了与自己身体大小匹配的海螺，就把海螺当成自己的家。等它再长大一些，就会把家搬到体形更大些的海螺里去。寄居蟹的腹部比较柔软，就是为了方便蜷缩在海螺壳中而进化出来的。

人类

**只要有帐篷
哪里都能睡觉**

帐篷是随时随地都能搭建的，可以当成"家"使用。而且，在各种各样的汽车类型中，也有里面布置得像家一样、可以四处移动的车——房车。

椰子章鱼

**用坚硬的房子
保护柔软的身体**

椰子章鱼就像它的名字那样，移动时常常会带着椰子、贝类等坚硬的东西。当危险来临时，它就会躲进去，好像随身带了一个可以隐身的家。

扮成动物体验 下一

一起来做一个纸箱房子吧！

你想要一个仅仅属于自己、能轻松带走的家吗？那请你利用身边的纸盒箱子，尝试着做一个小纸箱房吧。用胶带就可以很容易地组装起来，也可以用剪子和裁纸刀做一些窗户和门。

接下来，你想往房子里放置一些什么东西呢？搭好的房子打算放到哪里去呢？如果带到公园去，大概会很有意思吧。

首先，想象一下自己想要什么样的房子，然后在纸上画一下，体验这个过程本身，应该就会足够开心了。

住在哪里好呢？

一边移动一边生活

猩猩

每天都搬家！

猩猩这个词语在马来语中的意思是"森林人"。作为"森林人"，猩猩会在树上做床。但是，树床周围的树叶一天之内就可以吃光，所以，猩猩们辛辛苦苦做好的树床只能使用一天。为了寻求新的树叶，它们只好再迁移到新地方，做新的树床。

为了寻求食物而四处奔波的动物

我们知道，为了寻找到有更多食物的地方，有些人会一边移动一边生活，这些人被称为"游牧民族"。

而在动物当中，为了找到食物，边移动边生活的情形就更多了。特别是以植物为生的动物，也就是通常所说的"食草动物"，它们为了能吃到草，每换一个季节就会选择迁徙。

候鸟也一样，每当寒冷的冬季来临时，就会飞往有许多食物的温暖的地方。

一生都在循环往复迁徙的动物，会筑建什么样的蜗居来生活呢？它们为什么要不远万里，长途跋涉到别的地方生活呢？

大天鹅

食物极其丰富的地方
天敌也非常多

冬天往温暖而有食物的地方迁徙；夏天往天敌少的地方迁徙，在那里生儿育女。冬天会到日本、中国等比较温暖的地方；春天来了，又会往俄罗斯的方向飞翔。

夏

为了获得家畜的饲料

游牧民会和绵羊、山羊、驯鹿等家畜一起，一边迁移一边生活。从某种意义上来说，这也是不让家畜们将青草都吃光的一种生存智慧。

人类

冬

群居
织巢鸟

大家
一起生活

跟很多家人一起生活的
鸟类集体住宅

住在能安心生活的家

　　大家都跟谁一起生活呢？单身生活的成人虽然有很多，但是，在我们年龄还小的时候，大部分都还是跟家人一起生活。

　　而在动物的世界里，有一出生就独自生活的，也有跟很多家人一起生活的，形形色色，哪种情况都有。

　　大家一起生活，在建巢、育儿等活动中，都可以互相帮助，协力配合，应该是挺开心吧。

织巢鸟把许多枯草收集在一起，筑建成一个巨大的鸟巢，数百只聚集在一起生活。鸟巢里，有育儿的家庭，有独身的鸟，有成双成对的鸟，它们各自都有独立的房间。为了让外敌难以入侵，鸟巢的出入口都冲着下面。

人类

和不认识的人一起生活
会有意想不到的开心？

在集中住宅区和高级公寓
等居民区里，各种各样的
家庭都居住在同一栋楼里
面。最近，不是一家人却
在同一屋檐下生活的共享
住宅也备受关注。

小小的白蚁
拥有巨人般的家

白蚁生活在巨大的建筑物般的"蚁丘"
里。大的蚁丘会有十多米高。蚁丘里面
会有储藏食物的房间（餐厅），有生孩
子的房间（产房），以及育儿房，甚至
还会有栽培食物的房间。

澳大利亚罗盘白蚁

住在哪里好呢？

家

其他动物的家

再利用

被遗弃的房子会怎样处理呢？

动物的家（巢穴）在完成使命后，就会被废弃掉。

那些废弃的家也会被再次利用，由其他动物把它改造成自己的家。

比如，狐狸就会利用獾住过的巢穴。穴居猫头鹰、南浣熊等动物也是这样，它们都会再次利用其他动物住过的巢穴。

人类也是如此。一些人搬走后，会搬进另外一些人，继续在房屋里面生活。另一方面，也有很多人拆掉旧房，再翻盖新房。最近，如何处理无人居住的空置房也成了社会问题。

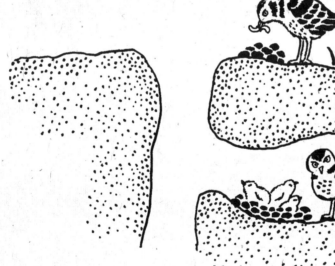

穴居猫头鹰

把草原犬鼠的巢穴变成自己的家！

穴居猫头鹰〔学名是穴小鸮（xiāo）〕是一种在地下居住的罕见的鸟类。它会把同为鼠科动物的草原犬鼠的巢穴再次加以利用。为了让巢穴变得更加暖和，它们也会在巢穴里铺满牛粪或马粪。

南浣熊

**自己不盖房子
使用现成的鸟巢**

南浣熊虽然是熊的近亲，但是，它们会在树上筑建像鸟巢一样的家。而且，它们自己不盖房子，而是聪明地把废弃的大型鸟巢再次加以利用。

未来的家会是什么样子呢？

大家是否想过，自己希望住在一个什么样的家里呢？

大树上面的家、土地下面的家、自然之中的家，或者，也有人想住进能在空中飞翔的家……大家可以天马行空地设想一下。

远古时候，人们还只会往地下挖洞，或者在墙上打洞，当成家来住。可是，到了现在，人类却能建造出高耸入云的建筑物。如此一想，未来能建造出现在难以想象的家，一点也不奇怪。

35

动物想生存下去，
就离不开吃。
为了"吃"，它们会绞尽脑汁，
和伙伴们协同作战，
有时甚至要搭上性命。

包括人类在内，所有动物
都会剥夺其他动物和植物的生命。
吃和被吃，两者同时存在。

让我们通过吃这件事儿，
了解一下动物同伴之间的关联吧。

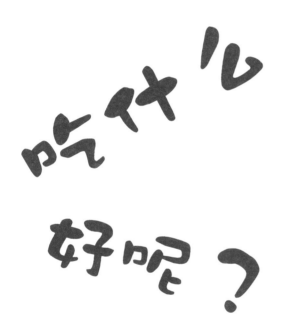

能排出什么样的粪便呢？

连连看

老虎　塔斯马尼亚袋熊

吃过的东西成为粪便

吃完饭会排便，这对于人类来说是理所当然的。同时，对于其他动物来说，也都是共通的。

从嘴里吃下去的东西，到了身体里，其中的营养会被吸收，而没有用的东西就作为粪便被排了出去。也就是说，看一下粪便，就可以知道动物们吃了什么东西。

那么，我们就从动物们的粪便，来看看它们到底都吃了些什么东西吧！

人类的粪便

身体不好的时候，粪便会变硬或变软。吃的食物不同，粪便的颜色也会不同，有时变黑，有时变黄。大家不妨也观察一下自己的粪便吧。

日本树莺的粪便

鸟儿的粪便通常会夹杂着白色的东西。日本树莺的粪便更会呈现出纯美的白色。在日本，自古以来会把树莺的粪便用于面部护理，或者用于去掉和服上的脏点等。

大象

日本树莺

人类

绵羊

绵羊的粪便

绵羊将吃过的青草在特别长的肠子里消化之后，会排出直径约 1 厘米的圆形粪便。蒙古族人会将它的粪便铺到毛毯的下面，抵御地下寒气。

塔斯马尼亚袋熊的粪便

塔斯马尼亚袋熊吃树根，它们排出的粪便像骰子一样，呈四方形。由于它们的粪便也是用来宣示领地的，而四方形的粪便不容易四处翻滚，占起地盘来更加方便。

大象的粪便

大象会吃很多很多的青草，也会排出很多很多的粪便。一天的排便量高达 50 千克。它的粪便里含有未消化的青草成分，数量之多甚至可以用来造纸。

老虎的粪便

呈现黑色的样子，特别臭。不仅是老虎，食肉动物的粪便都非常臭。气味也是老虎宣示自己领地的利器。

2 食

吃好什么呢？

吃和被吃

有些动物会吃掉其他的动物，而这些动物又会被另外一些动物吃掉。这些动物之间的关系被称为"食物链"。比如说，螳螂会吃酷爱叶子的蝗虫，而小鸟会吃螳螂；同时，小鸟又会被鹰和老雕等大型鸟类动物吃掉。

以肉类为食

狮子

狐狸

鼹鼠

兔子

蜈蚣

螳螂

吞掉整只动物

人类既食用肉类和青菜类，也会食用米饭和面包等谷物。大家依靠吃各种各样的食物，为身体吸取多种必要的营养物质。

但是，在动物之中，也有只吃肉类的食肉动物。而如果只是吃肉类，营养会不会失去均衡呢？

事实上，食肉动物不是仅仅食用我们经常食用的"肉类"部分，动物的内脏和血等其他部分也会一同食用，所以，不用担心营养失衡。

比如，狮子会吃斑马等食草动物的内脏，因此，它也会同时吸收斑马内脏里残留的青草的养分。

小鸟会将昆虫整个吞下去

鸟类一般吃果实和种子等植物。但有些鸟类也会吃鱼和小型动物，以及吃其他鸟类和昆虫的肉等。由于没有牙齿，不会咀嚼，它们会将昆虫等食物整个地吞下去。

蛇

雕

瓢虫

野鸭

青蛙

由于食肉动物吸收了动物身上的维生素和盐分等营养元素，所以，营养不会失衡。也可以说，它们将其他动物的整个"生命"吃了下去。

大鱼吃小鱼，小鱼吃虾米

有的鱼以水藻和海草等植物为食，也就是食草鱼；也有的鱼会吃比自己小的鱼，所以也叫食肉鱼。竹荚鱼等小鱼会以动物性的浮游生物为食，也会被金枪鱼和鲣鱼等大型鱼类食用。

海豹

鲑鱼

吸收植物的营养

你喜欢吃蔬菜，还是讨厌吃蔬菜呢？

总听人说"要吃蔬菜"，但是，我们究竟为什么一定要吃蔬菜呢？

首先，蔬菜是植物，而植物是从阳光、土壤和水分里产生营养而存活的。人类吃了蔬菜，会将植物中的营养吸收到身体里。

一般来说，只吃植物的动物被称为"食

连树皮和树根都会吃

梅花鹿会把草、树叶和果实等当作食物。在食物较少的冬天，它连树皮和树根都会吃。

梅花鹿

吃青草

吃树根

吃树皮

以植物为食

草动物"。

虽然说是"食草"，也并非只是单纯地吃青草。树叶、树皮、树液、树根、树果和其他植物的果实等等，它们都会食用。

但是，植物本身所含的营养并没有那么多，因此，它们必须要多吃一些才行。所以，一天里的大部分时间，它们都用在吃东西上。

喜欢吃应季食品

黇（tiān）鹿可以在春夏吃青草；在秋天吃橡子和山毛榉的果实；冬天可以吃树莓、爬山虎和喙（huì）冬青等的叶子。它懂得根据不同的季节，吃应季的美食。

黇鹿

吃果实

吃树叶

每天都吃同样的食物

只要有树液就行

独角仙和锹形虫只靠吃麻栎等树木的树液生存。树液中含有丰富的营养，就像它们的"营养饮料"。

独角仙

锹形虫

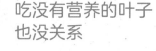

考拉

吃没有营养的叶子也没关系

考拉只靠吃桉树叶生存。虽然桉树叶基本上没有什么营养，但是它会被考拉身体里的一种特殊的菌分解，转化成蛋白质和维生素等营养物质。

只吃一种东西也能生存下去

为了摄取身体所必需的营养，人类会吃各种各样的东西。

但是，看一下其他的动物，有很多每天都在吃同样的东西，这样难道不会导致营养不良吗？

事实上，一直只吃同一种食物也没有关系，这样的动物非常多。因为它们会选择富含必要的蛋白质、维生素和矿物质等营养的食物来吃。

即便如此，每天只吃同样的东西，是不是也会觉得腻呢？就像我们人类，不管大家有多么喜欢吃汉堡包，如果每

长须鲸

大口吃的却是区区小磷虾

长须鲸只吃叫作磷虾的小小浮游生物。它们通常会张开大嘴，把小磷虾连同海水一起吞下，再把海水吐出来。然后，它们会把"胡子"上粘的小磷虾用舌头舔食掉。

食蚁兽

蚂蚁是美食

食蚁兽只吃蚂蚁和白蚁。蚂蚁和白蚁富含矿物质，营养丰富，但是，它们每一只都很小。据说食蚁兽一天得吃 3 万只蚂蚁才行。

天都不停地吃，也会觉得不想再吃了吧。

动物们是否会吃腻，我们不得而知。但是，对于动物来说，尝试新食物也是有危险的，因为那可能会导致中毒。

所以，一定要吃安全、营养丰富的食物，这或许也是在自然界中生存下去的智慧吧。

嗯……

动脑想一下

仅吃"点心"能维持生存吗？

如果只吃自己喜欢的东西就能活下去该多好啊……你有没有这样想过呢？

薯片是人类生存所必需的吗？最喜欢的年糕没有营养吗？

当然，点心中所含的营养并非为零，只不过不仅是点心，任何一种食物都不会包含了人类所需要的全部营养。所以，如果只吃喜欢的东西，营养就会失衡。

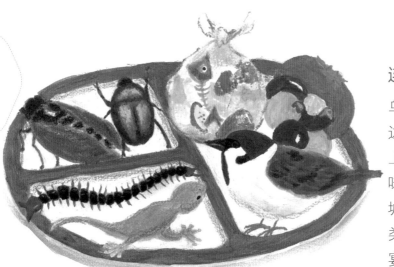

连垃圾都吃

乌鸦什么都吃。它会一边在森林、田野和海滩上空飞行，一边寻找美味的食物。对于生活在城市中的乌鸦来说，人类的垃圾就是一场盛宴。只是希望它们小心些，不要吃得到处都是。

乌鸦

这是谁的食物呢？

什么都吃的动物

既吃肉（动物）又吃蔬菜（植物）的动物被称为杂食动物。人类就是杂食动物。

很久以前，人类被称为食肉动物。然而，作为肉食可以被吃的动物数量有限，不是想吃肉，就随时随地能猎捕到它们。而且，当我们试图去猎捕的时候，它们也可能会对我

以吃山上的动植物为生

野猪会吃山药、竹笋、蘑菇和橡子等山里的植物，还会吃蚯蚓、汉氏泽蟹、蛇、蜗牛和老鼠等小型动物。陷入困境时，人类种植的庄稼也是它的最爱。

野猪

鲤鱼

**只要能入口
什么都可以吃**

只要能入口的东西，它什么都吃。比如水草、海藻、贝类、水蚯蚓、蜻蜓的幼虫水蛋（chài）、小龙虾和青蛙，以及其他鱼类的卵等。

们进行反击。所以，人类作为食肉动物，吃肉会伴有危险发生。

　　于是，人们不仅仅吃肉，也开始吃起坚果和植物来。不能直接吃的，人们就通过烹煮、烘烤或者压碎等方法，使食物变得更加容易食用。通过人类特有的聪明才智，我们才能吃到更多美味的食物。

　　接下来，我们来介绍一下像人类一样，可以吃各种食物的动物吧。

**把食物烹饪之后
再去美美地享用**

人类会吃牛、羊、猪、鸡等肉类，还有所有的鱼类、贝类，以及水稻、根菜和蔬菜等植物类，种类繁多。由于各种烹饪方法的出现，人们可以吃到形形色色的美食。

人类

偶尔会吃些很变态的东西?!

啃骨头

驯鹿

鹿科家族的成员有时会吃骨头，驯鹿亦是如此。鹿角是力量的象征，每年都会经历一次脱落，然后再次长出新的。为了获取必要的钙质，它们会吃掉自己脱落的角和骨头。

吃土

在干旱季节，山地大猩猩会将悬崖上的岩石刨出来，吃里面的黄土。这种土壤含有丰富的铁、铝等矿物质元素，可提供高山生活所必需的营养。

特殊日子的食物

有些东西我们是否只是偶尔吃上一回呢？比如生日蛋糕、新年菜肴等，在这些特殊的日子里，我们会吃一些与平时不同的食物。

自然界里的动物们有时也会吃一些跟平时不一样的东西，只不过，不一定只在特殊的日子里哦。

吃汗液

蝴蝶

蝴蝶为了摄取盐分，有时会舔舐人类身体分泌出的汗液。据说，非洲蝴蝶每当到了旱季，都会舔舐大象的身体，以摄取足够的盐分。

吃木炭

红疣猴

红疣（yóu）猴吃的树果和树叶里含有毒素。为了消除这些毒素，它们会吃木炭，木炭有清理体内毒素的功能。

山地大猩猩

获取缺少的营养

大象和斑马等食草动物，有时会啃咬富含盐分的石头，这是为了补充它们平时只吃草而造成的体内欠缺的盐分。出于这个原因，有时它们不得不走到很远的地方。

动物很明白自己身体缺少什么。所以，为了弥补平时饮食上的欠缺，摄取足够的营养，它们偶尔也会吃一些很"变态"的东西。为此，就算辛苦一点儿，也在所不惜。

竟然吃粪便？！

马

考拉（树袋熊）

吃妈妈的粪便

新出生的小马会吃妈妈的粪便。它们会把粪便里的草转化为养分，摄取身体所必需的菌群，这样，小马慢慢就能够吃草了。

成长不可或缺的粪便

桉树叶有毒，所以，考拉幼崽还不宜食用。而考拉妈妈会把自己的粪便喂给幼崽，为它提供分解毒素所必需的菌群。

因为可惜就要吃吗？

吃到身体里的东西，在体内只会吸收其必要的营养，而身体不需要的东西就会变成废物被排泄出去。

大概很多人都这么认为，粪便是残渣，是没有用的东西。

但是实际上，粪便中还是残存着一些营养成分。这是因为，并非食物里所有的养分都会被身体吸收。

另外，粪便当中也含有大量保证身体健康的肠道菌群（肠内细菌），所以就有很多动物会吃自己和其他动物的粪便。

蜣螂（屎壳郎）

屎是最棒的！

蜣螂（qiānglánɡ）是一种只以粪便为食的罕见的动物。它会用后腿滚动一个超过自己体重 1000 倍的粪球。雌屎壳郎会在雄屎壳郎做成的粪球里产卵，并在那里抚育幼虫。因此，粪便也是生儿育女的地方。

反复从粪便中吸取养分

兔子松软的粪便中含有对健康至关重要的维生素，所以，兔子会循环往复地吃自己的粪便，直到粪便变硬为止，不会浪费任何一点儿营养。

粪便有用吗？

如果粪便中还残存着营养，那么将它从马桶中冲掉，是否也是一种浪费呢？

在过去，人类粪便被广泛使用，人们用它来喂猪和施肥。

我们也一起来想一想，粪便到底都有哪些用途吧。

比如，我们可以用粪便盖房子，或者用粪便做一种新食物。你也可能会想"怎么可能吃大便"呢！可是，为了在食物极为短缺的太空里生活下去，现在人类已经开始利用粪便进行"太空食物"的研究。

设下陷阱 获取食物

狐狸

设骗局狩猎

当狐狸发现老鼠、兔子之类的猎物时，它会装作很痛苦的样子四处翻滚，或者躺下装死。这样猎物发现了，就不会逃跑，只会好奇地看着它。这是一种麻痹猎物、被称为演技（诱敌深入）的狩猎方法。

捕获猎物的智慧

如果你想抓一只野猪吃，你会用什么方法呢？

它块头大、动作快，单凭用手直接抓住它似乎比较困难，而且还有点儿危险……于是，你可能会想出一个办法，将野猪最喜欢的食物放到野外吸引它，布置好陷阱，引诱它上钩。

人类会这样运用智慧去捕获猎物。

蜘蛛

黏糊糊的丝网陷阱

对于蜘蛛来说，巢穴不仅仅是用来居住的房子，它也是一个用于捕捉昆虫的陷阱。它会吐出有黏性的蛛丝，并将它编织成网，等待昆虫上钩。然后，蜘蛛会用蛛丝缠住捕获的昆虫，并用毒液让昆虫动弹不得，最后将它吃掉。

　　自然界的动物们也是一样，为了捕获猎物，它们想尽办法，做出各种努力。

　　这也是一种在大自然生存的智慧。许多生物天生就具备这样的技能，不用父母教就知道该如何去做。

座头鲸

跟伙伴一起合作狩猎

座头鲸会跟伙伴一起合作狩猎。它会在鲱鱼和鲭（qīng）鱼等鱼群的周围一边转圈，一边吐出气泡。这些鱼被气泡包围之后无法逃脱，这时，座头鲸就会立刻张开大嘴，急速上升，把它们一吞而尽。

2 食

吃好什么呢？

能储存多少食物？

骆驼

背上的驼峰是一个营养罐

骆驼生活在沙漠，几乎没有水和食物。因此，它会用驼峰储存营养。然后，它从驼峰中包含的营养物质（脂肪）里竟然可以自制出水来。据说，一只健康的骆驼每天可以产 40 升的水。

在没有食物的时候提前做好准备

冬季是一个难以找到食物的季节。这就需要在夏季到秋季之间收集一些食物，一直储存到冬季，以免挨饿。

松鼠和熊等动物会提前在自己的巢穴里储存食物，准备过冬。

也有些动物会预先吃大量的食物，转化成脂肪储存在身体里。

仅靠这些储存下来的脂肪，即便什么东西都不吃，也能维持一段时间的生存。

54

北极狐

雪地就是天然的冰箱

生活在北极的北极狐，会把吃剩下的食物储藏在自己的洞穴里。即使在夏季，洞穴里的温度也较低，这些食物就可以长期保鲜。

北极燕鸥

起飞之前积蓄能量

候鸟会吃大量的食物，为长途飞行做准备。但是，如果吃得太多，就会很难飞得起来。北极燕鸥会从北极到南极进行长途旅行，它储存的脂肪量恰好是其体重的 28％。

人类

运用多种智慧来保存食物

你是否看到过在地震发生时，食品无法运抵超市和便利店的电视新闻？在紧急情况下，人们会将罐头和方便面等食品存放在家里。此外，腌菜和干货也是自古以来传统的耐储存食品。

培育
后食用

到处都是被培育的食物

我们每天都能有饭吃，这要归功于那些培育各种食物的人。比如，那些饲养牛、猪和鸡等家畜的人，那些种植蔬菜、水果等农作物的人，那些养鱼的人，等等。

人类

被人类培育出来的食物

超市里陈列着琳琅满目的食品，它们都是被人类培育出来的动植物制品。

正因为牧场有养牛人，我们才能买到牛肉、牛奶、酸奶和奶酪等食品；正因为田地里有种植水稻、蔬菜的农民，我们才能吃到米饭和新鲜的菜肴。

我们吃的鱼不仅仅是渔民们从海里捕捞上来的，养鱼人培育出来的鱼（被称为"水产养殖"）也在渐渐增多。还有，点心中使用的糖和面粉，它们的原材料也是来自田地里的甘蔗与小麦等植物。

能够种植食物的罕见的蚂蚁

　　人类可以自己种植食物，而生活在自然界中的动物是不会的。

　　但是，也有一些动物看起来就像是在栽培农作物一样，比如切叶蚁就是一个典型的例子。

　　切叶蚁会在自己的地下蚁穴里培育一种名叫"线虫草"的真菌吃。为了培育这种食物，切叶蚁会把树叶搬入巢穴里。

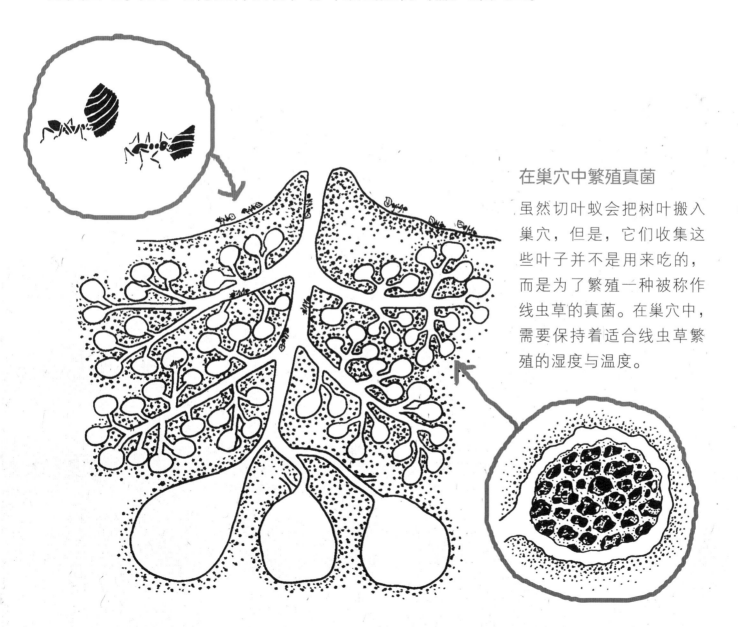

在巢穴中繁殖真菌

虽然切叶蚁会把树叶搬入巢穴，但是，它们收集这些叶子并不是用来吃的，而是为了繁殖一种被称作线虫草的真菌。在巢穴中，需要保持着适合线虫草繁殖的湿度与温度。

切叶蚁

吃好什么呢？

和大家一起吃

吸血蝙蝠

跟伙伴一起分享血液

吸血蝙蝠靠吸食动物的血液为生，雌性吸血蝙蝠聚集在一起，过着群居生活。如果连续两天不吸血的话，就会丢掉性命。在巢穴里，如果有的吸血蝙蝠没能吸到血，其他伙伴会分享给它；当然，如果是其他伙伴没有吸到血，自己也会把血液算作回礼分享给对方。

即使同在一起吃草也不会打架

斑马吃草尖部分，角马吃草的中间部分，汤氏瞪羚吃草的下面部分。即使吃同一种青草，因为吃的部位不同，动物们也可以一起和谐享用。

角马

斑马

汤氏瞪羚

为了和谐共生

生活在美国阿拉斯加州的棕熊捕捉到鲑鱼之后，不会把它全都吃掉。只会吃营养丰富的鱼头和鱼卵，而把鱼身扔在那里。你可能会觉得这很浪费，但不用担心，因为鱼身的肉会成为鸟类的食物。

还有，狮子捕获猎物后吃剩下的部分，对于鬣狗和秃鹫来说，也是一顿大餐。即便是已经腐烂的肉，它们也会毫不介意地吃掉。

也许动物们并非有意这样做，但从结果来看，它们会在不知不觉中分享食物，和谐共生。

大家一起热闹进餐

与亲朋好友，甚至是陌生人围坐在桌旁一起进餐，这是人类特有的一种生活习惯。大家在一起分享好吃的，比起一个人吃会更有意思，更觉得好吃。这是为什么呢？

人类

睡觉很重要吗?

人类为什么一定要睡觉呢?
假如晚上不用睡觉的话,
也许就会有更多的时间玩,
或者读更多的书。
而动物们何时睡觉,怎样睡觉,
会睡多久呢?
让我们就动物的休息和睡觉问题,
一起思考一下吧。

重要吗？睡觉很

怎样休息呢？

火烈鸟

非常怕冷吗？

火烈鸟会单腿站立，并把头伸入自己的翅膀下休息，这是为了保持体温。这样做不仅会温暖头部，也可以让双脚轮流在翅膀里交替取暖。

海獭

一觉醒来，
不知道在何方！

海獭（tǎ）睡觉时，会用海藻把自己的身体缠绕起来，就像裹在毛毯里一样。这样是用来防止熟睡时随海水飘到远处。

安全休息的窍门

自然界中生活的动物们，特别是在休息时，经常会受到外敌袭击的危险。为此，想出安全休息的好办法就很有必要。

于是，有些动物会在一些外敌很难发现的地方筑巢；有些动物会潜到土壤里挖洞休息；也有些动物为了隐藏自己，好好休息，会让身体的颜色跟周围树木和叶子的颜色相同。

另外，有些动物会聚集在一起休息，这样即便遇到外敌来袭，总会有同伴留意到，并通知大家。

我们人类能在家里安然熟睡，难道不是因为家里有安全的感觉吗？

让大脑和身体得到休息

动物们经常会睡觉。睡觉会有着什么样的意义呢？

如果一直处于活动的状态，大脑和身体会感觉到疲倦，那么捕猎食物就会变得比较困难。而且头脑一旦犯迷糊，就很容易被外敌盯上。睡眠对于成长不可或缺。睡觉就是成长。

人类

日本忍者是怎样睡觉的？

日本忍者会选择心脏所在的左侧卧位睡觉。这样，即便睡觉时遭到敌人的袭击，只要保护好心脏，也许就可以保住性命。

比目鱼

躲进沙子里捉迷藏

有很多鱼会潜进沙子里，比如比目鱼。它身体的颜色和图案看起来很像沙子，一旦躲进沙子里，天敌就很难辨清它具体的位置了。

污色绿鹦嘴鱼

在睡袋里睡一个安稳觉

污色绿鹦嘴鱼会用鳃中分泌出的黏性很强的黏液做成睡袋，并在里面休息。这是为了保护自己不受蠕纹裸胸鳝等外敌的袭击。

不休息？基本上

金枪鱼

停下来就会死

金枪鱼和鲣鱼通常会保持嘴张开的状态，以非常快的速度不停地游动，把水中的氧气充分吸收至体内。如果停止游动的话，就会窒息而死。

鲣鱼

一边活动一边休息

像金枪鱼、鲣鱼等大型鱼类，如果不持续游动的话就会死亡。因此，它们不能像人类那样休息。

但其实那些看上去几乎不休息的动物，也在用人类无法模仿的方式休息着。像海鸥之类的候鸟和海豚竟然能让大脑的左右脑交替休息。

牛之类的食草动物为了消化所吃的植物，需要花费许多时间，所以，睡觉的时候它们的嘴也会一直蠕动。不知道是在吃东西还是在休息。

海鸥

半睡半醒

海鸥等候鸟可以让左右大脑分别休息。即使在没有地方休息的海面上，它也可以一直飞翔。

片刻也不敢放松

海豚也能大脑两个半球交替睡眠。闭上右眼，左脑休息；闭上左眼，右脑休息。这样一方面可以保护自己不受鲨鱼等外敌侵袭，另一方面可以保持把头露出海面，自由地呼吸。

海豚

睡觉时嘴里也会嚼东西

牛会用臼一样的牙齿咬碎草，咽到胃里，只有一小部分可以消化。然后，将胃里的草逆呕到嘴里，再次咀嚼。这样反复好多次。牛吃东西非常花费时间，睡眠时间一天只有三个小时左右。在此期间，它的嘴会一直在蠕动。

牛

动手试一下

闭上一只眼睛发一会儿呆

人类也能像海豚和海鸥那样，让左右两边大脑交替休息吗？

虽然不同种类的动物，大脑的构造也会有所不同。但是，人类似乎也可以让左右大脑交替休息。像海豚、海鸥一样，在感觉有点儿累的时候，闭上一只眼睛，让大脑休息一下吧。即便是很短的时间，或许也可以让大脑为之一爽哦。

睡觉很重要吗？

一整天都睡觉吗？

人类 8

成年人每天睡6～8小时，而孩子每天需要睡10个小时左右。

兔子 8

兔子一般是睡一小会儿，吃点儿东西，再入睡。为了能在外敌靠近时马上察觉到，会睁着眼睛睡觉。

熊猫 10

大熊猫的睡眠和人类儿童的睡眠差不多。醒来之后，就一直吃竹叶。

老鼠 13

老鼠体形较小，吃过东西后，所摄取的能量会被很快消耗掉，之后就沉沉入睡。

扮成动物体验一下

嗯……

让我们试着像树懒一样睡觉

人到底能睡多久呢？选一个休息日，挑战一下吧。

即使是睡醒了，也先在被窝里不要动，感觉一下。在身体好的时候，实际上是很难一直睡下去的。什么都不做，只在床上睡觉，一来会觉得无聊，二来肚子也会饿。不知大家会是什么样的感觉呢？

为什么睡眠时间不一样？

据说，牛、山羊和马每天只睡两到三个小时。即使是身材壮硕的大象，每天也只睡四个小时左右。

食草动物的睡眠时间比食肉动物短。因为植物的营养效率比较低，所以，它们宁可牺牲睡觉时间，也要不遗余力地多吃东西。

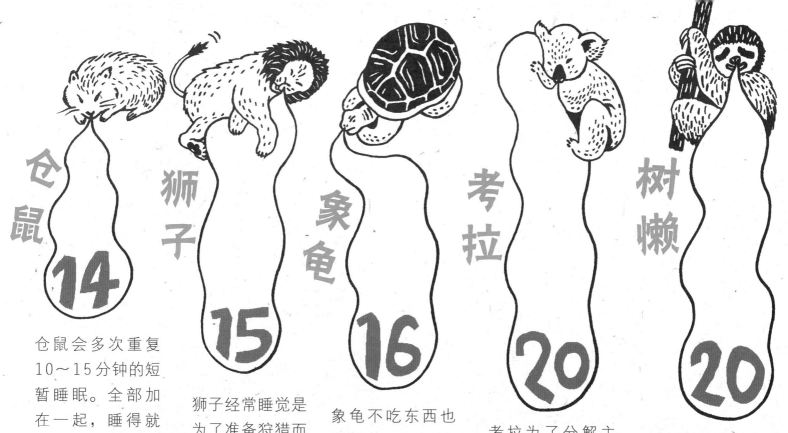

仓鼠 14

仓鼠会多次重复10～15分钟的短暂睡眠。全部加在一起，睡得就相当长了。

狮子 15

狮子经常睡觉是为了准备狩猎而保存体力。

象龟 16

象龟不吃东西也能活上一年左右，即便睡眠时间较长，对它也没有什么影响。

考拉 20

考拉为了分解主要食物桉树叶里的毒素，需要很多能量。为了保存体力，需要长时间的睡眠。

树懒 20

树懒几乎不怎么活动，吃饭也只吃一点点。这是一种节省体能的生活方式。

　　作为食肉动物，狮子白天睡得非常沉，为的是晚上能够更好地捕猎做准备。因为狩猎时间很短，需要足够的能量，所以要好好休息，以节省体力。

　　人类白天可以很有干劲儿地活动，是因为我们晚上睡得比较充分。

　　可是，如果晚上无论如何都睡不着，第二天会怎么样呢？

蝙蝠

想要避免不必要的竞争？！

白天会倒挂在洞穴的顶部睡觉。到了晚上，鸟儿消失以后，蝙蝠会利用自己身上的超声波来寻觅食物。

猫头鹰

斗不过老鹰和老雕

猫头鹰喜欢吃的小型哺乳类动物和鸟类，在白天，也容易被老鹰和老雕等大型鸟类盯上。为了避开争抢，它就晚上出来找猎物。

白颊鼯鼠

即便晚上也能凭气味到处活动

白颊鼯（wú）鼠嗅觉能力非常出色，即使在黑暗中也可以找到果实和嫩叶。

人家可不是懒喵喵……

虽然白天总是懒洋洋地睡觉，可到了最喜欢的老鼠出动的清晨和傍晚，就变得非常忙碌。

猫

癞蛤蟆

躲在土壤里悠闲地睡午觉

癞蛤蟆是夜行动物。它白天躲在土壤中睡觉，到了下雨天的晚上，会到地面上活动三个小时左右，吃些昆虫等食物，再返回土壤中。

猫头鹰

蝙蝠

什么时候睡觉？

白颊鼯鼠

夜间活动的动物们

人类在晚上睡觉，白天活动；而与之相反，有许多夜间活动的动物，它们白天睡觉，晚上活动。那么，它们为什么要特意在晚上醒来呢？

那是因为夜间比较不容易被外敌侵袭。如果在明亮的白天到处游荡，就会被敌人发现。但另一方面，也会有一些食肉动物盯准这些夜间活动的动物。所以，即便在人们熟睡的深夜，自然界里也是非常热闹的。

为了便于在黑暗的夜晚活动，夜行性动物大多是听觉和嗅觉非常发达。

猫

癞蛤蟆

69

寒冷的时候睡觉

没有食物就什么都不做

在非常寒冷的冬天，大家都懒得出门。这种感觉动物们也会有。很多动物在整个冬季什么都不做，就一直待在那里。这就是"冬眠"。

冬眠并不是因为懒，而是有着非常正当的理由。

最大的理由是，冬天食物比较少，没有吃

十分罕见的冬眠鸟

北美小夜鹰是鸟类中唯一一种会冬眠的鸟。它会飞到一个温暖的地方，最大限度地减少呼吸和心跳的频率，在岩石缝隙中度过寒冷的冬季。

北美小夜鹰

棕熊

青蛙

冬眠中生宝宝

在冬眠中，棕熊仅凭身体内储存的脂肪来生活。不排尿，也不排便。但是，它们并非只是睡觉。雌性棕熊会在冬眠时生下宝宝，也会自己喂奶，从事育儿活动。

气温一下降就停止活动

青蛙是变温动物。它的体温会随着周围环境温度的变化而发生变化。进入寒冬，它们的体温会下降，会躲在泥土下不再活动。

的就只能等待死亡。

在冬季，尽可能地保持安静的状态，耐心等待温暖春天的来临，这也是生存的一大智慧。

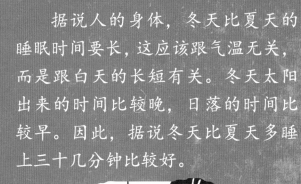

冬天基本上都不外出吗？

冬天的早上，是不是很不情愿从被窝里出来呢？从暖烘烘的被窝里起来或许需要一些勇气。

据说人的身体，冬天比夏天的睡眠时间要长，这应该跟气温无关，而是跟白天的长短有关。冬天太阳出来的时间比较晚，日落的时间比较早。因此，据说冬天比夏天多睡上三十几分钟比较好。

体温和冰箱的温度一样

花栗鼠通常 1 分钟呼吸 95 次。但是在冬眠中，就变成每 2～3 分钟呼吸 1 次。体温也会从 37℃下降到 4℃左右。

蝴蝶

螳螂

花栗鼠

变身度过严冬

蝴蝶的一生会经历卵→幼虫→蛹→成虫的形态变化。到了冬天，它会变身为蛹度过严冬。

以卵的形态等待春天

螳螂的卵被包裹在泡沫状的黏液中，以保护它们免受寒冷和敌人的侵害。成虫熬不过冬天，但它产下的卵，让生命得以延续。

有"暑假"吗？

西非鳄（沙漠鳄）

等着下雨天的到来

生活在非洲撒哈拉沙漠中的西非鳄鱼，除了下雨后，地表上出现了绿意，它会短暂出来一下之外，其他时候都待在洞穴里。鳄鱼可以在沙漠中生活，也是因为它有夏眠。

天气炎热时什么都不想做？

在炎热的国家，白天的温度可能会超过50℃。外面太热了，很难工作。因此，许多人白天在家里休息，到了凉爽的夜晚才开始工作。

在炎热和干燥的天气中生存

学校通常有暑假。在还没有空调的年代，天气炎热的日子里，汗流浃背地坐在课桌前学习十分辛苦，据说，正因为如此，才开始有了暑假。

据说，在自然界中也有"休暑假"的动物。只不过对于人类来说，平时不能尽兴去做的娱乐活动和想要体验的生活，可以在暑假尽情享受。

但对于动物来说，它们在"暑假"里通常什么都不做，只是静静地待着。这和冬眠是一样的。这种情形也被称为"夏眠"或"低湿休眠"。

这样做，除了有天气炎热的缘由，还有一个重要的原因，那就是保护自己

水熊虫

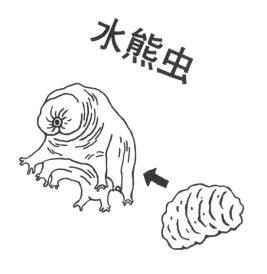

在宇宙真空也能生存？！

一到干旱季节，水熊虫就会让身体内的水分减少，缩小身体，停止活动。而给它身体泼洒水后，它又会立即开始活动。还有一项实验，即使在没有空气的宇宙空间里，水熊虫也可以存活10天左右。它是一位会休息的动物明星。

肺鱼

人类

让自己活下去的"避难所"

当沼泽变干涸时，肺鱼会排出一种黏糊糊的液体，将全身包裹住。这样做是为了不让自己变干。下雨后，水一上涨，它就又会出来活动。

动脑想一下

什么时候会犯困？

免受干燥的影响。这也是一种在沙漠等基本上不下雨的干旱地区生存下来的手段。

除了晚上，我们也有犯困的时候吧。那会是什么时候呢？

比如：天气暖和、温度舒适的时候；在外面玩了很久之后；吃了一顿饱饭的时候；还有，听了一个有些听不懂的故事……这些情况，可能都会容易让人犯困吧。

动物睡觉或休息，也是为了保护自己不受寒冷和炎热的影响。那么，人类会怎么样呢？让我们一起思考一下人类跟动物之间的相似点和不同点吧。

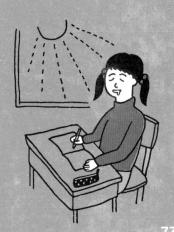

生存？如何健康地

在自然中生活，
受伤或生病的情况时有发生。
人类在受伤或生病的时候，
会去医院看病、吃药；
而动物们会怎样做呢？

对于动物来说，
生存下去，繁衍后代，
比什么都重要。
为此，动物们会想尽各种办法，
防止因受伤或疾病而死亡。
人类或许可以从中学到一些东西。

4 受伤·生病

非洲草原象

隐藏起来，
独自静待
身体恢复。

非洲草原象以一头雌象为领队，
一个家族 20～30 头一起生活。

这只受伤的大象悄悄地离开了群体，自己隐藏了起来，似乎不愿意给同伴添麻烦。大象的群体意识很强，它们经常帮助受伤的同伴。

受伤或生病了怎么办……

隐瞒身体的异常情况

　　大自然中的生活十分严酷。有很多动物仅仅是因为一次受伤或生病就死去了。

　　受伤或生病的动物们，即使是身体很痛苦，也会尽力表现出很健康的样子。比如，像羊等食草动物，如果表现出虚弱的样子，就会很容易被属于肉食动物的天敌盯上。

离群的大象在有水和柔嫩的青草环抱的树荫下休养，等待着伤口或疾病的痊愈。

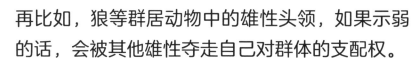

再比如，狼等群居动物中的雄性头领，如果示弱的话，会被其他雄性夺走自己对群体的支配权。

因此，即便是受了伤，它们也会想方设法掩饰，不想让其他动物知道。

其中，也有一些动物会离开群体，独自等待着身体恢复健康。

伤口或疾病痊愈了，重新恢复精神，大象会回到群体，继续和家族成员们一起生活。

小动物接着吃大动物吃剩下的食物，最后的部分也会被肉眼看不见的微生物食用。所以，这些动物即便死了，它们的生命也会化为能量，供养其他生物继续生存下去。

身体稍微恢复一些，就会去饮水、吃青草。但是，还没到达可以返回群体的程度。

不吃草、不喝水，这样躺上好几天，痛苦不堪，日复一日，身体渐渐不能动弹了。

如果身体没能恢复，就会死去。死了的大象，会成为鬣狗、狮子、雕等动物的食物。

把植物当作药材

猫

毛球和草一起被吐出

猫是食肉动物，但有时也会吃草。这是为了刺激胃，吐出毛发等不能消化的东西和其他体内不需要的东西。

马

当身体不舒服的时候……

马是食草动物，它最爱吃车前子的叶子。因为它可以很好地调理肠胃，有助于排出体内有害的东西。自古以来车前子作为天然药物被人类广为传颂。

动物也会吃药

感冒的时候、拉肚子的时候，我们会吃药。这是为了降低体温、改善肠胃的状况。

虽然身体具有抵抗疾病的能力（免疫力），但是，难受的时候去医院，借助药物去治疗身体也是常有的事。

那么，动物又会怎样做呢？

实际上，自然界中存在很多天然的药物。

植物也是其中之一。

有些植物自身就会产生毒素，尽可能不要食用。如果这些植物里的毒素是微量的话，对于动物来说，也可以把它们当作一种药物。

黄守瓜

吃毒来保护卵

黄守瓜的成虫会吃含有弱毒的瓜科植物的叶子。这种毒素可以保护其在土壤中产下的卵不受细菌的侵害。这是一种预防药物。

红疣猴

大自然的感冒药

红疣猴身体不好的时候，会比平时多吃一倍量的树皮。因为树皮中含有缓解疼痛、防止有害菌增长的成分。

比如，吃了一些奇怪的东西时，只需摄入一点点有毒的植物，就能把身体中的有害物质排出体外。

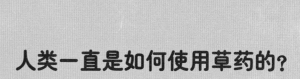

人类一直是如何使用草药的？

最初，许多人类的药物都是由自然生长的植物制成的。人们用各种各样的植物进行尝试，确认它们有什么样的医药效果，中草药就是在这样尝试的过程中被发现的。

即使到了现在，中草药还是用天然植物制成的，而医院里的药物大多是用化学配方制成。其中，也有许多人工制造出的与草药成分相同的药物。

泥土？有益于身体？

健康的身体需要矿物质营养素

泥土是很脏的东西。大家难道不是这么认为的吗？

泥土中确实有很多有害的细菌。然而，有很多动物却偏偏就喜欢吃泥土。

理由是，土壤中含有身体所必需的营养素，比如，钙、铁、硫等被称为矿物质的营养素。

貘

貘（mò）以青草、树叶、果实等为食的貘，喜欢吃含大量黏土的泥土。吃泥土的动物以食草动物居多。

鹦鹉

鹦鹉的同类中，有很多会定期食用白蚁的巢穴和泥土。吞下黏土，就可以消灭体内的毒素。

五彩金刚鹦鹉

吃了黏土，就可以吃有毒的种子了。黏土会在体内停留12小时，保护身体免受毒素的侵害。

人类

自古以来，在世界各地都有吃土的习俗。为了去除体内有害物质，有些部落的人类就会选择吃泥土。

非洲森林象

我一吃土，就感觉肚子很舒服！

非洲森林象在肠胃不舒服的时候会吃土。平时它吃树叶，据说只有在吃果实的季节里，大象吃泥土的量才会减少。

黑猩猩会用树枝挖蚁丘的土吃。也有报告说，黑猩猩越是感觉不舒服，吃的蚁丘上的泥土就越多。

黑猩猩

蚁丘就好像是动物们的"药箱"？！

长颈鹿

蚁丘的土比普通的土含有更多的黏土。不仅仅是长颈鹿，大象和猴子等食草动物也吃蚁丘上的泥土。

人类

澳大利亚的土著居民一旦拉肚子，就会在火上烤蚁丘内侧的泥土吃，直烤到泥土没有了水分。

犀牛

犀牛会吃有毒的植物，用来消灭体内的寄生虫。但是，为了不让剧毒把身体弄坏，它也会同时吃蚁丘上的泥土。

如果身体缺乏这些营养元素，骨质就会变弱，身体状况就会变差。

另外，减少植物中所含的毒素需要一种叫作钠的矿物质。为此，食草动物有时会去吃泥土。

动物们喜欢吃蚁丘上的泥土

泥土中所含的黏土也具有固化和排出毒素的作用。

蚁丘中含有大量的黏土。因此，有些动物感到身体不舒服时，就会去吃蚁丘上的泥土。

实际上，土壤对人类也有用。有些地方自古以来就有食用泥土的习俗。当然，并非所有的土壤都可以食用，所以请不要随便模仿！

动物也喜欢日光浴

移动中的日光浴

灰椋(liáng)鸟会张开翅膀，边挥舞边晒日光浴，这样可以杀死羽毛上的寄生虫。

灰椋鸟

乌龟

长寿的秘诀：晒龟壳

乌龟会晒日光浴，让身体变暖，促进新陈代谢。通过晒龟壳，可以预防疾病。

蜥蜴

生了病就去晒太阳

对于人类而言，据说过多的日光浴会导致癌症。但是，完全不晒太阳也是不利于身体健康的。

比如说，增强骨质和牙齿、提升睡眠的质量等，阳光对于一个人的健康生活必不可少。此外，在阳光明媚的好天，晒太阳也会感觉非常舒服。

许多动物也喜欢晒太阳。这也是它们能健康生活的秘诀。其中一个目的就是，利用太阳光提高体温，来消除体内的有害菌。

嗯……

动手试一下

发烧时，敷上一片圆白菜叶子

为什么我们一感冒，就容易发烧呢？那是为了消灭高温下无法生存的细菌和病毒。

这种时候，如果借助药物突然降温的话，就不能消灭细菌和病毒（但是体温过高也会有生命危险，这种情况下最好使用药物）。

因此，自古以来人们会使用一种既安全又舒适的方法，也就是将圆白菜叶子敷在额头上散热。因为敷上凉凉的圆白菜叶子，热量会被吸收，体温也会逐渐降下来。

提高体温来治病

蜥蜴身体不好的时候，会挪动到温暖的地方，让自己的体温升高2℃左右。蚂蚁和苍蝇也一样，会通过日光浴来治病。它们在树叶上一动不动时，或许正在治疗中。

困倦的清晨
最好的日光浴

生活在南美安第斯山脉的平原兔鼠，每当清晨太阳升起时，就会进行暖体的日光浴。它看似兔子，却属于鼠科动物。

偶尔悠闲地晒太阳

当沐浴在阳光下时，人体内会产生一种被称为维生素 D 的营养素，它可以使人类的骨骼和牙齿变得更加强壮、结实。

平原兔鼠

人类

危险的日光浴

刺猬是夜间活动的动物，但是当它们的身体生病时，它们会在白天出现在阳光充足的地方。这是为了提高体温，消灭体内的病菌。

刺猬

泡澡好舒服啊！

为什么要洗澡呢？

你想过为什么要洗澡吗？也许你会说："不洗澡会很脏。"当然这也算是一个理由。

除此之外，洗澡还有许多好处：让身体变暖，改善血液循环，有利于排出体内有害的物质。另外，消灭病菌的能力（免疫力）也会增强。洗澡会让身体变得更加健康。

但是自然界的动物，即使在河里或池塘里游泳，也不会洗澡。怎样才能让身体保持清洁、健康呢？

人类

最喜欢泡澡的日本人

日本有很多温泉，喜欢泡澡的人也很多，几乎每天都会在家里洗个澡。但是，在世界各地，家里只有淋浴，或者好几天只泡一次澡的人也不少见。

麻雀

鸟儿喜欢"沙浴"？

麻雀会在沙地上刨一个坑，拍动翅膀，吧嗒吧嗒地洗"沙浴"。这是为了去掉羽毛上的污垢、螨虫和虱子等。很多鸟类都会在沙子里沐浴。

沙浴

泥浆浴

滚到身上的泥浆越多就会变得越干净？！

水牛会在泥浆里翻滚，泡"泥浆浴"。泥干了之后，身上的寄生虫也会随着泥巴一起掉下来。大象、野猪、犀牛等也喜欢泡泥浆浴。

水牛

蚂蚁浴

松鸦

用蚂蚁摩擦身体，以清洁羽毛

有些鸟类，如松鸦、灰椋鸟、乌鸦等，会用蚂蚁摩擦身体。蚂蚁喷出的化学物质可以消灭附着在身体上的细菌和寄生虫等，让羽毛变得更干净。

相互梳理毛发

猴子

保持好关系，一起捉虫子

和家人或者关系好的伙伴在一起互相梳理毛发，这是为了除掉身上附着的跳蚤等寄生虫。很多动物都会这样相互梳理毛发。

动物也会长虫牙？

只有人类会蛀牙吗？

我们经常听见一句话，"吃完饭，刷刷牙吧"。原因只有一个：不刷牙就会变成虫牙。

对动物来说，牙齿也十分重要。没有了牙齿，就什么也吃不了，逐渐会演变成生死攸关的大问题。

但是，据说只有人类和作为宠物饲养的猫、狗等动物才有蛀牙。因为，在自然界中生存的动物不吃含有糖的点心和饮料等。

鳄鱼

牙签鸟

清洁鳄鱼牙齿的鸟

牙签鸟会吃鳄鱼牙齿里夹杂的东西，帮助鳄鱼清洁口腔。但是，鳄鱼要换好几次牙齿，所以，不知道牙签鸟的清洁工作是否具有意义。

黑猩猩

用树皮刷牙

黑猩猩会咬树皮来清洁牙齿，因为树皮中含有消灭细菌的成分。另外，它们会把树枝当作牙签来用，剔除牙齿之间夹着的东西。它们也会和家人、朋友一起，相互给对方清洁牙齿。

一种会清洁牙齿的稀有动物

人类从幼儿时期的乳牙成长为大人的恒牙之后，就不会第二次换新牙了。因此刷牙非常重要。

在自然界中生活的动物或许没有蛀牙，但是，有些动物看上去似乎也在刷牙。

其中，有些会自己清洁牙齿，有些则需要其他动物的帮忙。

人类

牙齿对健康很重要

牙齿健康，吃饭就很香。口腔中的许多细菌不仅会引起蛀牙，还会引起心脏和骨骼等方面的疾病。

恢复原状的 再生力

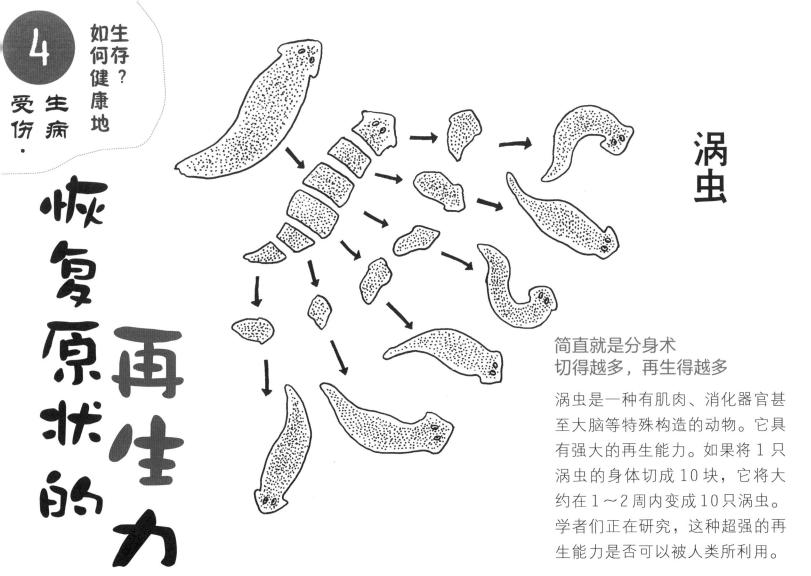

涡虫

简直就是分身术
切得越多，再生得越多

涡虫是一种有肌肉、消化器官甚至大脑等特殊构造的动物。它具有强大的再生能力。如果将 1 只涡虫的身体切成 10 块，它将大约在 1～2 周内变成 10 只涡虫。学者们正在研究，这种超强的再生能力是否可以被人类所利用。

尾巴断了，还能再长出新的？

人类的身体，如果是擦伤之类的小伤，几天就能自动痊愈。

但是，如果受了非常严重的伤，是很难恢复原状的。比如失去了双腿，就不会再长出新的。人类的再生能力也是有限的。

动物们也是一样。在没有医生的自然界里，受了重伤，很有可能就会失去生命。然而，有些动物具有人类难以想象的再生能力。

红腹蝾螈

动手试一下

嗯……

手、脚、眼睛和心脏竟可以多次再生

蝾螈（róngyuán）拥有比蜥蜴更高的再生能力。不仅仅是尾巴，手、脚、心脏等身体的所有部位都可以再生，而且可以多次再生。曾经有过蝾螈的眼球晶状体再生了18次的研究报告。

让我们切分一下涡虫试试

涡虫生活在河流、池塘等水量多的地方。在日本的河流上游（水质比较干净的地方），翻开石头和落叶就能发现它。

在切分涡虫之前，先停止喂食10天左右，因为切断时排出的液体会使它的身体融化。用小刀或剃须刀切分好涡虫，然后将被切分的涡虫放回到水里，经过1~2周左右，再观察一下它是否会再生。

比如，蜥蜴在遭受敌人袭击的时候，为了保护自己，会自断尾巴，为自己争取逃跑的时间。断掉的地方连血都不会流，过不了多久，就能长出新的尾巴。

自然界的涂抹药膏

黑猩猩

够不到的伤口
用手指沾唾沫涂抹

狗、猫、猴子等许多动物都会舔舐伤口。黑猩猩也是一样。如果是舌头够不到的地方，它们会用手指或叶子沾上唾沫，然后涂抹在伤口上。

狐猴

像创可贴一样
把叶子敷在伤口上

把具有药效的叶子敷在伤口上，可以缓解疼痛，防止有害细菌进入。不仅仅是狐猴，其他的猴子和黑猩猩也会采取同样的行为。

怎样才能预防细菌感染？

跌倒了、擦伤皮肤时，大家会怎么做呢？

伤口很小的话，也许就那样放着不管了。但是，如果伤口流血了，就会用清水冲洗，然后涂抹上消毒液，贴上创可贴，目的是不让有害细菌从伤口侵入体内。

动物们也是一样。如果放任伤口不管，就可能会危及生命。因此，它们会使用自然界存在的东西，尽可能想方设法防止有害细菌的滋生。

比如，往伤口上涂抹唾沫。因为唾

白鼻浣熊

止痒的树液

涂抹上 树液

白鼻浣（huàn）熊会从橄榄科的树根里挤出液体，涂在身上，目的是驱除身上的虫子，抑制身体发痒。

涂抹上 柠檬皮

卷尾猴

不吃果肉，用它擦抹身体

卷尾猴会用打碎的果实擦抹身体。柠檬等柑橘类的果实有缓解疼痛、抑制瘙痒、杀死蚊虫和细菌的效果。

沫中含有防止细菌侵入体内的抗菌物质。

另外，有些动物也会将含有抗菌物质的植物叶子和果实的汁液等涂抹到伤口上。

动手试一下

被蚊虫叮咬后，涂抹上芦荟试试

有一些植物具有和药相同的效果。古人在生活中充分利用了这种植物的功能。

芦荟就是其中之一。因为它有抑制疼痛和肿胀的作用，所以它常被用于治疗轻微的擦伤、烧伤、蚊虫叮咬等。如果被蚊子叮了，就掰断一片芦荟叶，把淌出来的果冻状液体涂到叮咬处。感觉又凉爽又舒服，止痒效果很好哦。

相扶相帮 互利共生

侏獴

**不顾自己
优先照顾受伤的同伴**

侏獴（zhūměng）会舔舐受伤的同伴，
给它喂食物吃。即使自己少吃一点儿，
也会把更多的食物分给受伤的同伴。

有些动物会温柔护理受伤的家人或同伴

为了不被伤痛和疾病所打倒，自己的身体要懂得自己来保护。

但是，在生病或受伤时，如果有家人和伙伴陪伴在身边，就会感到非常安心。得到他们温馨地照顾，更会觉得很开心。

实际上，在动物界中，也有像人类一样懂得照顾同伴的动物。

比如，大象会帮助被刺伤的同伴拔出矛和弓箭，并帮助它们爬起来，用类似的行为来照顾受伤的同伴们。

同时，不同种类的动物之间，也有看上去在互相帮忙的行为。

比如说，海洋里的动物们受伤后，会去找裂唇鱼（外号"鱼医生"）帮忙，让它们帮忙清理伤口。

蠕纹裸胸鳝

帮助清洁受伤的部位

蠕纹裸胸鳝（rúwénluǒxiōngchún）受伤的部位一旦滋生寄生虫，身体就容易腐烂，而且难以愈合。有一种小鱼叫裂唇鱼（外号"鱼医生"），它们可以吃掉蠕纹裸胸鳝身上的寄生虫和腐烂的部分。此外，还有蝠鲼（fúfèn）、翻车鱼等许多海洋动物都受到了裂唇鱼的照顾。

裂唇鱼

扮成动物体验一下

如果伙伴受伤了……

如果伙伴受了伤或感冒了，大家会对他好一点儿吗？有没有像侏獴那样，为伙伴做一些事情呢？

可以陪伙伴一起去医院，也可以去喊别人来帮忙。就算只是把手贴在伙伴疼痛的部位，或许也会帮他缓解一些疼痛。

再或者，仅仅只是守在旁边，关心地问候一声"没事吧？"，朋友们也一定会很开心的。举手之劳就能起到照顾对方的作用。

生活？
大家怎样一起

和家人、朋友及喜欢的人一起吃饭、玩耍，
是一件非常开心的事儿。
有家人，有朋友，
仅此而已，每天就会很开心。

动物们也是一样。
它们通常不喜欢独居，
会跟伙伴们一起生活。
有时成群结队，有时跟家人一起行动……
对于它们来说，
家人和伙伴意味着什么呢？
它们之间是如何互动的呢？

为什么要群居呢？

大家一起生活 容易生存下去

如果你变成独自一个人生活……会不会担心怎样吃饭等问题呢？也许更多的是会感到孤独和心里没底吧。

我不知道动物们是否会感到孤独。但是，在它们之间，和家人、朋友成群结队一起生活的居多。毕竟，大家一起行动，容易发现敌人，自己也不容易被敌人盯上。

美洲野牛

围成一圈 击败敌人

当狼或美洲狮来临时，成年野牛会把它们的孩子置于中央，围成一圈保护起来。然后，自己勇敢面对敌人，用角顶它们，直到最终赶走敌人。

沙丁鱼

样子很显眼
却更加容易存活

为了保护自己不受金枪鱼、鲣鱼和鲨鱼等的侵害，沙丁鱼会组成一个庞大的群体。逃生时，这个庞大的群体会一齐游向同一个方向。一旦和同伴们走散，落单的沙丁鱼就容易被吃掉。

大家会一起看护刚刚出生的弱小幼崽。在捕捉猎物的时候，大家也会一起协同作战。

群居生活不见得都是好事。因为不得不和同伴分享食物，自己的食物就会相应减少；疾病也会在群体里传播。

即便如此，弱小的动物依靠相互支撑的群居生活，会更容易存活。

扮成动物体验一下

尝试跟家人紧挨着睡觉

在一些寒冷的地区中，也有大家在一起紧挨着睡觉的习惯。据说有人在被子里什么都不穿，与家人靠在一起睡觉。

在寒冷的冬天，像束带蛇一样挤在一起睡觉吧。比起一个人睡，是不是感觉更暖和些了，心情也变得更加温暖了呢？

寒冷的冬天，和伙伴们挤在一起睡

生活在加拿大的束带蛇会在岩石间隙中冬眠，度过寒冷的冬天。因为天气太冷会被冻死，所以大家就挤在一起，抵御寒冷。最多可以达一万条以上。

束带蛇

大家怎样一起生活？

动物界也有管理员

裸鼹鼠

大家一起抚养孩子

大家一起抚养孩子

一只负责生育的雌性和几只相当于她丈夫的雄性是裸鼹鼠群的中心角色。除此之外，还有很多分管收集食物、挖隧道、打扫房间和育儿等杂务的角色。

一个大裸鼹鼠群之中，约有 300 只一起生活。

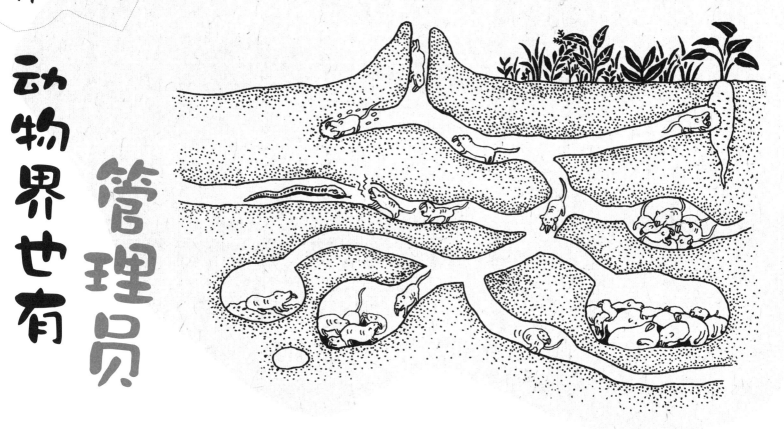

各司其职，协力共生

为了大家能在一起生活，相互协作是必要的。比如在学校里，也有厨师和后勤管理员等，打扫卫生的责任也由大家共同承担。

各自发挥自己的作用，就能让大家生活得顺心如意。

在动物界里，也会有分工协作。比如，在共同生活的鸟类夫妻中，雄性负责寻找食物，雌性负责抚养孩子。当然，有些鸟类夫妻会扮演相反的角色，相互交换一下任务即可。

还有角色分工特别明确的，像蚂蚁和蜜蜂。

"工蚁"分工明确，各司其职。它

短脊鼓虾

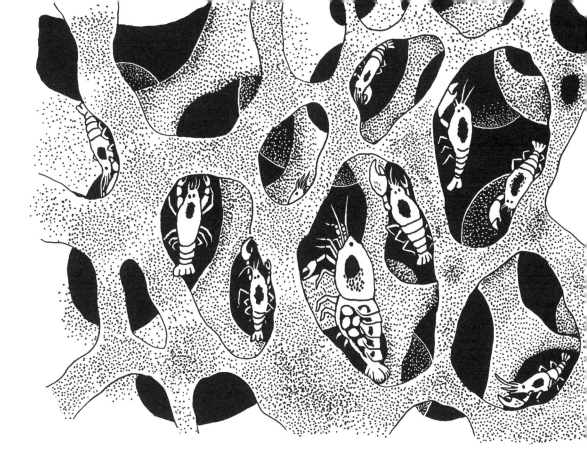

"女王虾"和"士兵虾"

它们是很罕见的虾,就像蜜蜂和蚂蚁一样,分工十分明确。有负责生育的"女王虾",运送食物的"工虾",还有抵御外敌的"士兵虾",它们都生活在一个巢穴里。

们的工作包括运送食物、与敌人战斗、照顾蚁卵和幼虫,这些都是为了负责生育的"蚁后"而做的。

像蚂蚁和蜜蜂那样,在群体中分工明确的动物并不多见。接下来,我们还会介绍一些分担职责、共同生活的动物。

人类

没有比人类更能分担职责的动物了

在许多人共同生活的人类社会中,每个人都担当着不同的角色。比如,我们之所以能上吃饭,是因为有人生产食物,有人加工食物,有人搬运食物,有人贩卖食物,还有人烹调、制作食物。

5 伙伴

大家怎样一起生活？

和其他动物一起生活

长颈鹿

斑马

它们待在一起
能迅速发现敌人

长颈鹿的脖子很长，可以看到很远的地方；斑马耳朵很大，可以听到远处的声音。它们待在一起，能发挥彼此的优势，更快地发现敌人。

彼此互利共生

不同种类的动物伙伴，也有一边合作一边共同生活的。这就是互利共生。

比如，一种名叫牛椋鸟的鸟，与河马、鹿及长颈鹿等食草动物一起生活，会啄食附着在它们身上的寄生虫。

牛椋鸟可以获取食物，食草动物也能让身体变得更加洁净。它们一起生活，对彼此都有好处。

我们人类会怎样呢？会和其他动物合作，一起生活吗？

蚜虫

蚂蚁

通过吃东西来抵御敌人

蚜虫是靠吸食植物的汁液来生存的。而蚂蚁非常喜欢吃蚜虫排泄出的糖分。因此，它会赶走蚜虫的天敌——瓢虫，来保护蚜虫。

利用鸟的特性饲养鸬鹚进行捕鱼

有一种叫鸬鹚（lúcí）的鸟，会把香鱼之类的鱼整个吞下，所以也称鱼鹰或捉鱼鸟。自古以来，渔民就会利用这种鸟的特殊技能进行捕鱼。他们事先在它的脖颈上缚上一条松紧适度的细绳，让它不至于把鱼完全吞下去，而是可以吐出来。

人类

鸬鹚

你想和什么样的动物一起生活？

除了饲养鸬鹚进行捕鱼以外，还有许多人与动物相互合作的例子。

比如，牧羊人和牧羊犬一起生活。牧羊犬会监视羊群，赶走狼等动物。

另外，还有一类被称为"鹰匠"的饲养猎鹰的人。他会利用具有出色狩猎能力的鹰，来捕获鸟和兔子等猎物。

有些事情人类做不到，但如果借助动物的力量或许会达到目的。那么，大家想和什么样的动物一起生活，做一些什么样的事情呢？让我们自由畅想一下吧！

用叫声

嗷呜呜——

对话

嘎！

为了呼唤伙伴而嗥叫

狼对着远方嗥叫，据说是为了把脱离群体的伙伴们叫回来。好像狼的种类不同，叫声也不同。

狼

鸣叫声也有深意

乌鸦非常聪明。"嘎！"只叫一次是在打招呼；"嘎！嘎！嘎！"叫三声，是向伙伴传达自己所在的地方；"嘎嘎嘎嘎——"的鸣叫声，据说是赶走敌人的意思。

乌鸦

放声大合唱！

猴子的同类大狐猴会爬到树顶，大声地向远处嗥叫。这是在宣示领地和群体的存在。据说有时会持续嗥叫三分钟以上。

动物的叫声是有原因的

为了和伙伴们一起生活，对话十分必要。人类会使用语言和文字，动物之间是如何对话的呢？

与人类相似的是，动物是通过叫声进行交流的。

叫声即便有一点点的不同，其含义也可能是在和伙伴们打招呼、互相传达危险及食物所在的地方，或者赶走敌人等等。有时，它们为了寻找喜欢的配偶，也会发出美妙的叫声。

笑笑

大狐猴

扮成动物体验一下

嗯······

嘎？

嘎——嘎——

一边"嘎嘎"地叫着，一边玩耍

简单的对话是不是很无聊呢？或许正好相反，说话少可能会更加有趣。

那么，就让我们扮成一只乌鸦，尝试着仅仅用"嘎"这个象声词，来玩各种各样的小游戏吧。一边玩，一边看看你想传达的意思是否传达到了。

比如，按照只允许说"嘎"的游戏规则，玩一个捉迷藏的游戏。除此之外，仅仅说"嘎"，还可以玩躲避球或足球呢。

一起生活？大家怎样

用气味对话

狗

互闻屁屁打招呼

狗狗之间打招呼，是相互闻屁股的味道。为了宣示自己的领地，它们有时会用尿来沾上自己的味道，这就是记号。从尿的味道可以判断出狗是否健康，以及身体状态和年龄，据说还可以判断性别。

靠气味生活的世界

和其他动物相比，人类的鼻子并不敏感。据说狗比人的鼻子好使 100 万倍，能从味道中获取很多信息。

在自己走过的路上会有什么动物通过，在哪个方向有它们喜欢的食物……气味中所包含的信息远比用眼睛看到的要多得多。

动物会充分利用气味中的信息，进行各种各样的对话。

蚂蚁

**用各种气味
向伙伴传达信息**

蚂蚁闻着气味可以判断对方
是否是同类。它们能排好队
一起行走，也是因为蚂蚁腹
部会散发出气味，为后面的
蚂蚁做向导。而从下颚喷出
的气味，则是为了告知伙伴
有敌人存在。

动手试一下

尝试闻一闻各种气味

好吃的菜有香味，腐烂的
食物有酸臭味。天气好的日子
里有阳光的味道，下雨天也会
有雨水的味道。

任何东西都有气味吗？
比如教科书和各种图书会有
什么气味呢？在公园里，把鼻
子靠近树干和地面，闻一闻
会有什么味道。直接闻一片
叶子，和用手指揉搓叶子后去
闻，气味会有什么不同呢？

我们身边的东西都有着
什么样的气味，大家试着闻一
下吧。

长颈鹿

用脖子对话

长颈鹿的长脖子可以用于和伙伴们对话。它们通过相互摩擦脖颈，来表达爱情；也会通过相互碰撞脖颈，来与对方争斗。

用各种方式对话

有很多种交流方式

我们人类不仅用语言和文字，还会用手势和面部表情等各种方式进行交流。即便是同样一句话，面部表情的变化，也会传达出不同的内容。

动物们也会用各种各样的方式对话。比如，蝙蝠会用人类听不到的超声波和伙伴进行交流。

除此之外，还有的动物会通过改变声音和身体颜色等来进行某种奇怪的对话。

黑猩猩

用丰富的表情对话

黑猩猩的表情很丰富。它们也能从对方的表情中，看出对方是生气还是开心。它们或许还能和人类进行对话。

用身体的颜色对话

住在加勒比海的莱氏拟乌贼，会用整个身体向伙伴们传达信息。比如，改变身体的颜色或让身体发光，表示敌人来了，或是表达雄性对雌性的爱等。

东方白鹳

用唇音对话

虽然是鸟科动物，但成年的白鹳（guàn）却不会鸣叫。取而代之的是，它用喙连续发出"咔嗒咔嗒"的声音，专业术语叫"击喙"。在求爱和驱赶敌人的时候，就会发出这种声音。

莱氏拟乌贼

只用"啊"对话

人类用语言进行对话。经常有人说"不好好用语言表达的话，对方是不会明白的"。但是，果真如此吗？

我们做一个小测试：尝试着和朋友、家人只说"啊"。你会发现，同样的一个"啊"，语气不同，意思也会各有不同。比如，强烈短促的"啊！"与柔和绵长的"啊——"，意思就完全不同。

如果能很好地使用肢体语言、手势和面部表情，或许只用"啊"也可以进行对话哦。

动手试一下

受欢迎还是不受欢迎，
对动物们来说，是一个大问题。

因为，动物们寻找恋爱对象
主要是为了能给自己留下后代。
所以，为了让自己更加受欢迎，
有的动物会向对方展现自己的强健和美丽，
有的会向对方炫耀美丽的歌喉和曼妙的舞姿。

它们用尽各种办法，希望被对方选中。

不同的动物，选择和被选择的方式各有不同。
研究这些动物的同时，
我们也来思考一下人类的恋爱方式吧。

6

恋爱

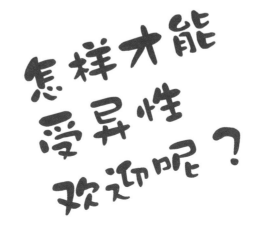

6 恋爱

怎样才能受异性欢迎呢？

雄性和雌性 谁占据选择权？

人类

互相选择喜欢的人

男性和女性都喜欢打扮，喜欢相互交换礼物。男女双方可以自由选择对象。

人类男女可以互相选择对方

人类是如何找到恋爱对象的呢？

在过去，结婚对象通常由父母决定，因此，并不是一定能和喜欢的人在一起。

但是，现在可以自由谈恋爱。当然也没有"男性先表白"或者"女性先表白"等规则。喜欢的话，不分男女，谁都可以向对方进行表白。

你可能认为这是理所当然的事情。事实上，在动物界里，像这样自由地谈恋爱极其罕见。

500 头鄂氏牛羚的相亲派对

每到恋爱的季节，鄂氏牛羚就会在群体中寻找配偶。雌性会集中在中央，雄性就在她们周围相互顶角，或者全力奔跑来吸引对方。雌性会借此来选择恋爱的对象。

鄂氏牛羚

在动物世界里雌性选择雄性

在动物界，大多数都是雄性向雌性主动表现自己，雌性被吸引后，就会选择雄性。

雄性动物基本上不能自己生育。因此，为了绵延后代，让种群繁衍下去，它们会绞尽脑汁，让雌性选中自己。

雌性动物之所以想选择体格尽可能强健一些的雄性，就是因为跟他生下来的幼崽也可能会更加强健一些。这样，在严酷的自然界里，自己的幼崽存活下来的可能性也会更高一些。

雄性动物是如何表现自己的？雌性动物凭借什么选择对方的？从下一页开始，我们一起详细探索吧。

怎样才能受异性欢迎呢？

用自己的强壮吸引对方

驼鹿

角越大越受欢迎

雄性驼鹿的角每年春季都会脱落，到了恋爱的季节——秋季，会再次长成。从鹿角的大小可以看出驼鹿所摄取的营养是否丰富，雄性的鹿角越大，就越受雌性欢迎。如果鹿角一样大，就会用鹿角相互攻击，看看谁的力量大。

为了保命，雄性动物相互争斗

在自然界里，驱赶敌人、捕获猎物的本领越强，越容易存活下去。因此，即使是在同类动物中，能在竞争中胜出的强壮的雄性也很受雌性的欢迎。

只是，雄性之间的竞争非常危险，有时会受重伤，甚至会丢掉性命。

白尾黑鹛

把石头堆得高高的来彰显自己的体力

雄性白尾黑鹛（bī）会将小石块堆积得像小山一样，以取悦雌性。这是为了彰显即便在沙漠这样环境恶劣的地方，也具有可以收集到食物的本领。顺便说一下，堆积起来的小石堆并不是巢穴。

河马

展示嘴巴的大小

河马张大嘴巴，可以赶走狮子等天敌。因此，雄河马的嘴巴越大，就越受雌性的欢迎。雄河马之间争斗的时候，也会张开嘴，较量谁的嘴大。

动脑想一下

怎样才算是"强大"？

对于人类来说，"强大"，不只是指"力气大"。能够对他人温和友善，认可各种各样的想法，坦率地道歉，这些或许也是"强大"的一种吧。除此之外，还有什么样的"强大"呢？让我们也思考一下吧。

因此，会有很多动物用不危及生命的方法，相互较量。

比如，驯鹿等鹿科动物会像相扑一样把角纠缠在一起，相互顶撞，较量力气。狮子也用鬃毛的浓度和长度，来比较谁更强壮。

6 恋爱

欢迎呢？
受异性
怎样才能

用美丽来吸引对方

极乐鸟

用美丽的淡蓝色向雌性展开追求！

极乐鸟（又叫风鸟）有着美丽的羽毛和长长的尾巴。雄性的极乐鸟翅膀张开时呈现出淡蓝色，看上去就像是一张脸。

颜色一变，准备就绪

在秋天，雄性香鱼的背部会变黑，腹部也会变成橙色。这是一种繁殖色。繁殖色是为了告诉雌性，自己已经做好了生育后代的准备。

香鱼

为什么雄性爱打扮？

鸟类中雄性比雌性的羽毛更华丽。雌性的颜色比较朴素，是为了不容易被天敌盯上。

那么，为什么雄性即使冒着被敌人发现的危险，也要拥有美丽的羽毛呢？

这是为了向雌性彰显自己："看，我即便长得如此显眼，也能活到现在，说明我很强壮、很健康哦！"

鱼类、两栖类、爬行类中，也有雄性在繁殖期间变成鲜艳颜色的。

箱根三齿雅罗鱼、黑腹鱊（yù）等鱼类及蜥蜴在恋爱的季节，身体的一部分会变成漂亮的红色。

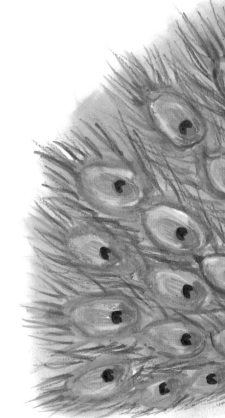

萤火虫

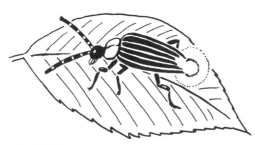

边发光边飞舞着求婚

到了夏天，萤火虫的尾巴就会发光。它们通过发光和伙伴们进行对话，比如，传达自己所在的地方、传达危险等信息。虽然雄性和雌性都会发光，但是只有雄性会一边发着光，一边飞来飞去。据说那是为了求偶。

人类

人类不分男女，都喜欢打扮吗？

在所有的动物中，只有人类穿衣服。虽然是为了防寒、保护身体，但也有穿自己喜欢的衣服的嗜好。特别是在喜欢的人面前，是不是想尽可能地给对方留下更好的印象呢？

孔雀

用美丽的羽毛取悦对方

只有在恋爱时，雄孔雀才会展开美丽的羽毛。这不是为了飞翔，而是为了吸引雌性的注意。即使很容易被老虎等天敌发现，也要向雌孔雀表明自己存活下来了。

欢迎呢？
受异性
怎样才能

日本树莺

用自己的歌声打动对方

用美妙的歌喉求爱

在春天，就会听到日本树莺
"gulu-gulu-lu-fenqiu"
的鸣叫声。 这种鸣叫方式
只有雄性才会有。它有两种
含义：高的声音是为了吸引
雌性的注意；低的声音是为
了警告伙伴们注意安全。

用鸣叫来寻找恋爱对象

　　在街头的一棵棵树上，随处可听到小鸟叽叽
喳喳的声音。如果去公园或者到山上，鸟儿的啼
鸣声更是不绝于耳。它们就是通过啼鸣来进行交
流的。

　　特别是在恋爱的季节里，雄鸟会发出像唱歌
一样美丽的啼鸣声，来博取雌鸟的好感。

　　除了鸟类以外，也有其他会用鸣叫声向雌性

牛头伯劳

天生的情歌模仿大师

牛头伯劳又叫"百舌鸟"，擅长模仿其他鸟的叫声。每年的二月左右，这位歌唱大师会发出响彻森林的美妙叫声，向雌鸟求爱。

美丽的音色是翅膀发出的

秋天，金钟儿以"铃铃！"的美妙声音鸣叫。鸣叫的是雄性，是为了呼唤雌性。它们飞快地摩擦、抖动锯齿状的翅膀，发出乐器般的声音。

金钟儿

蝉

短暂的一生，短暂的恋情

一到夏天，雄性的蝉就会吱吱地叫。那是为了告诉雌蝉自己的所在地。也许听起来会很吵，但是，只能活 10 天左右的成年雄蝉，在它短暂的生命周期里，会拼命寻找恋爱对象。

蟋蟀

分别使用三种叫声

雄蟋蟀有三种叫声。一种是为了呼唤雌蟋蟀；当雌蟋蟀接近后，它就会换成另一种叫声来展现雄性的魅力；还有一种是雄性之间互斗时获胜者的鸣叫声，那是一种胜利的呐喊。

示爱的动物。比如，蝉和蟋蟀等昆虫就是通过鸣叫来寻找恋爱对象的。

人类又会怎样呢？当你遇到歌唱得好的人，你是否也会觉得这人"好棒啊"！

欢迎呢？
受异性
怎样才能

用自己的
舞姿
取悦对方

飞鱼

用舞蹈来传达
"我很会养育孩子哟！"

雄性飞鱼拍打着鳍，像在跳舞一样。这是为了向自己构建的巢穴里送去新鲜的空气，表示可以养育孩子了。

比语言传达力更强的舞蹈力量

　　人类自古以来就会用舞蹈来表现各种各样的情感。

　　比如，为了和朋友一起分享喜悦而跳舞，即使语言不通，也可以通过跳舞来交心。舞蹈可以说是一种代替语言传达信息的方法。

　　动物中也有用舞蹈来传达信息的。特别是鸟类，它们很擅长舞蹈，有很多鸟儿跳舞是为了传递爱意。

　　雄性在雌性面前展示独特的舞姿来吸引对方。舞跳得越好，就越能获得雌性的芳心。

蝴蝶

雄性蝴蝶会靠近进入自己领地的雌性，然后像跳舞般地在雌性蝴蝶面前飞来飞去，展示自己五彩斑斓的翅膀，再撒上香气扑鼻的粉尘，来吸引对方。

嗯……

扮成动物体验

跳一段舞，表达爱吧！

你能像丹顶鹤一样，通过舞蹈表现出各种各样的情感吗？

比如，可以通过激烈的舞蹈来表达愤怒，或者像跳跃一样的舞蹈来传达喜悦。

戏剧艺术就是人类为了传达思想和感情而诞生的。

在喜欢的女孩子面前跳舞，可能会有些不好意思；但是，如果一边心里想着自己喜欢的女孩子，一边在自己的家中跳跳舞，貌似还是可以做到的。或许不只是跳舞，也可以同时唱唱歌呢！

丹顶鹤

确认爱情的"双人舞"

丹顶鹤一旦成为夫妻，一生都会在一起。每到恋爱季节的冬天，为了确认彼此的爱，双方会张大翅膀，一边跳跃，一边翩翩起舞。

119

怎样才能受异性欢迎呢？

用礼物来取悦对方

送一个能养孩子的房子

雄性黄胸织巢鸟会将切细的椰子叶缠绕在枝头筑巢，雌性路过看见了，就会和她喜欢的这所房子的雄性主人恋爱。有一间体面的房子会很受雌性欢迎哦。

接二连三地送礼物

雄性白额燕鸥会把捕获的鱼作为礼物送给雌性，雌性一般不会吃掉这条鱼，而是将它保存下来。因为一条鱼还不够。雄性会一条接着一条地把鱼送给雌性，表明自己很有"经济实力"。

黄胸织巢鸟

有助于育儿的礼品

想给喜欢的人送点什么，这一点，人类和动物都是一样的。

雄性动物为了讨雌性动物喜欢，就会送她各种各样的礼物。

大多数的礼物都是食物。如果能给对方看一下自己捕获的众多体型较大的猎物，就能向对方表明，这些食物可以在养育即将出生的孩子时派上用场。

除此之外，还有的动物会建造新巢穴送给对方作礼物；更有甚者会牺牲自己，让对方吃掉自己的身体。

白额燕鸥

蜣螂（屎壳郎）

粪便也是礼物

雄性屎壳郎将动物的粪便揉成团，然后向前推，制作出一个超过自身体重1000倍的粪球。粪球越大，就越容易被雌性选中。雌性会在粪球里产卵，幼虫在其中成长。

用生命当礼物

雄性红背蜘蛛一旦和雌性交配，会马上被雌性吃掉，这是为了给孩子提供营养。雄性为了让雌性给自己生养孩子，甚至会把自己的生命作为礼物送给对方。

红背蜘蛛

动脑想一下

嗯……

受异性欢迎的理由不止一个?

看一看动物们的世界，动物受到异性的欢迎，有各种各样的决定因素，比如长得强壮、外形美丽、能歌善舞等等。

人类又会是怎样的呢？跑得快、幽默风趣、知识渊博、画得一手好画，以及心地善良……此外，再试着想一想：还有其他什么因素呢？

多种多样的 恋爱方式

在日本猕猴当中，可以看到公猴与公猴、母猴与母猴之间恋人般相爱的情景。其中也有和雌猴无法恋爱的雄猴们成为伴侣的。

日本猕猴

动物们的同性之爱

恋爱不一定只是雄性和雌性的组合。实际上，雄性与雄性之间、雌性与雌性之间恋爱的情况也不在少数。

特别是黑猩猩、大猩猩、猴子等灵长类动物，更是喜欢谈多种形式的恋爱。此外，雌性之间相爱的凤蝶和雄性之间相爱的海豚等，很多同性动物之间的恋爱也已经被证实。

为什么会有这样的行为，实际上我们还不是很清楚。

有人说，这是为了避免与恋爱的竞争对手发生摩擦；同时也是自然

克氏双锯鱼

雄性变成雌性的鱼

克氏双锯鱼一生下来都是雄性。在只有雄性的群体中，体形最大的会转变成雌性。这是因为身体越大，产的卵就会越多。

环境发生变化的结果。

　　另外，据说许多年轻的雄性长颈鹿在和雌性恋爱之前，会事先与其他雄性之间展开一段短暂的恋爱。这或许也可以说是在进行正式恋爱前的实战演习吧。

牡蛎

既非雄性，亦非雌性

牡蛎在"恋爱季节"结束之后，会变成既不是雄性也不是雌性的"中性"。然后，在下一个"恋爱季节"到来之前，储存了更多营养的牡蛎会变成雌性，营养不足或者幼小的牡蛎则会变成雄性。

人类

同性婚姻也在增加

即使在人类世界中，也有男人与男人、女人与女人之间彼此相爱的事情。现在，越来越多的国家和地区承认同性结婚。

7 家人

生命是代代相续的吗？

我的生命是从哪里来的？

是从爸爸妈妈那里得来的。

爸爸妈妈的生命

也是从爷爷奶奶、外公外婆那里得来的。

而且，爷爷奶奶、外公外婆的生命也是……

没错，我们人类的生命，是从很久很久以前，

一代一代延续下来的。

当然，动物也和人类一样，

是从远古祖先代代繁衍而来的，

一直延续至今。

围绕着生命延续这个话题，

我们也一起思考一下家人和生命吧。

相续的吗？
生命是代代

生命是怎样延续的？

大熊猫

生育幼崽

大熊猫一次会生下 1～2 只宝宝。刚生下来的幼崽大约有 15 厘米长，体重也只有 100 克左右。

为了繁衍子孙而生活

　　繁衍后代延续生命，对动物来说是生活中的首要目的。如果这个目的没能实现的话，早晚会灭绝的。

　　动物种类不同，其繁衍子孙的方法也是多种多样。

　　包含人类在内，所有哺乳动物都是靠生儿育女来延续生命的；鸟、鱼等动物会产卵；而在非常小的动物当中，也有通过分裂自己来延续生命的。

　　无论是使用哪一种方法，想要延续生命的欲望都是一样的。

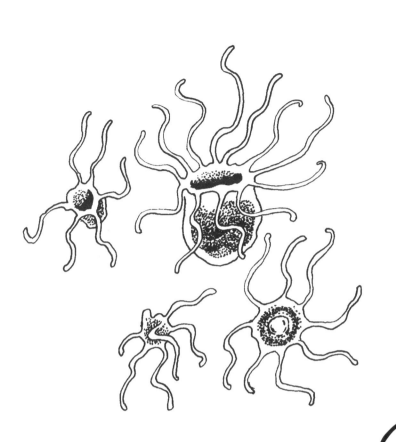

海月水母

用自己的力量延续生命

海月水母通过两种方法延续生命。首先，它们和普通的动物一样，雄性和雌性交配后生下幼崽。这些幼崽会紧贴在海底和岩石上，一个接一个地分裂。分裂后的海月水母，就像被施了分身术一样，全都一模一样。

海龟

会产下很多的蛋

海龟为了产蛋而爬上沙滩。它在挖好的洞里产完蛋后，会在上面撒上沙子，把蛋隐藏起来，然后再回到海里。据说海龟一次能产 100 多个蛋。

嗯……

动手试一下

把鹌鹑蛋捂热试试

在超市卖的鹌鹑蛋中，其实也混入了能孵出鹌鹑宝宝的种蛋，据说每一盒鹌鹑蛋中大约就会有一个。

为了孵蛋，通常需要保持大约 37℃～38℃的温度，以及大约 50%～70% 的湿度，每隔 4～6 小时需要翻一次蛋。如果进展顺利的话，17 天左右蛋壳就会有裂缝，从中可以看到雏鸟的脑袋。看起来孵蛋是一件很辛苦的事啊，要不要试一下呢？

历尽艰辛的分娩

鲑鱼

母亲产了卵，拼了命

在海里长大的鲑鱼，会回到自己出生的河里产卵。从入海口到河流上游的产卵地，鲑鱼进行了漫长的旅行，已疲惫不堪。产卵一结束，雌鱼就会筋疲力尽而死。

为了孩子牺牲性命

不管卵生还是胎生，繁衍后代都是非常艰巨的任务。对父母来说，只这一项就很不容易。

其中也有在生完幼崽之后就死去的。比如，雌性章鱼在产完卵后，一边给卵提供新鲜的水，一边保护卵不受鱼类等天敌的伤害。在此期间，她什么都不吃，在章鱼宝宝孵出来的时候，就会筋疲力尽地死去。

我是怎样出生的呢？

大家知道自己是怎么出生的吗？

我想，妈妈们一定是度过了一个非常艰难的时期，才生下我们的吧。

想知道其中的艰辛与快乐，我们可以尝试问一下爸爸和妈妈，有关自己出生时候的一些事儿。

即使被吃了……

螳螂

螳螂是食肉动物，它习惯把移动的东西当作猎物。因此，当一头雄螳螂靠近一只大个的雌性时，雌螳螂会不由分说地将它吃掉。在被吃掉的同时，雄性螳螂仍然会配合雌性完成交配。最重要的就是留下后代。

人类在过去也是如此。

很多母亲生完孩子就去世了。即便在现今，因生育而丧命的母亲的数量逐渐减少，但是，对于母亲来说，生育本身无疑还是一种高风险的行为。

沙漠穹蛛

最伟大的母爱

雌性沙漠穹蛛为了新生的幼蛛，会牺牲自己的身体。她会从口中吐出内脏，让幼蛛吃。据说，她会因此失去自己一半以上的身体。

母亲育儿

负子蟾

在妈妈的背上成长

负子蟾（chán），以"负子"（背着孩子），擅长照看孩子而闻名。雄蟾会将多达 100 只的卵埋进雌蟾柔软的背上。从卵中孵化出来的小蝌蚪在妈妈的背上渐渐长大，变成幼蟾之后，就会跳走。

保护孩子不受外敌侵害，给它觅食

鸟类和哺乳类等动物会照顾刚出生的幼崽。

就拿哺乳类动物来说，通常是作为母亲的雌性来照顾幼崽。

妈妈一边保护刚生下来的弱小的幼崽不受敌人的伤害，一边用自己的乳汁喂养幼崽。

鸟类一边注意不让窝里的雏鸟被天敌盯上，一边轮流着去给雏鸟寻找食物并喂食。雄性和雌性会同心协力把蛋孵热，等孵化之后，它们也会非常小心，不让窝里的雏鸟遭遇危险。

狐蝠

抱着孩子飞

蝙蝠只有雌性会哺育子女。狐蝠是世界上最大的蝙蝠，狐蝠妈妈会把幼崽抱在怀里，一边飞行，一边去寻找食物。

袋鼠

装在口袋里吃奶

刚出生的袋鼠宝宝体重只有 1 克，呈现的是尚未成熟的状态。因此，袋鼠宝宝出生后，就被放进附着在妈妈肚子上被称为"育儿袋"的口袋里，喝着乳汁成长。

伪蝎

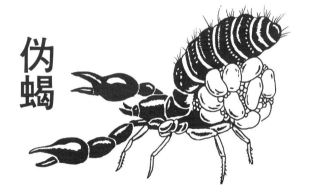

在动物当中，昆虫、鱼类、两栖类和爬行类基本上不养育幼体，产完蛋卵后就放弃不管了。但是，也有很少一部分动物看上去像是在养育幼体。

像袋鼠一样肚子上有口袋的昆虫

伪蝎拥有像螃蟹一样的"剪刀"肢体，它是蜘蛛的同类。伪蝎的肚子上附有一个袋子（育儿袋），里面可以放十几个卵。出生的幼虫会紧贴着妈妈的肚子成长。

相续的吗？
生命是代代

父亲也会育儿

帝企鹅

在严寒中保护卵

雄性帝企鹅约两个月内什么都不吃，一直在孵卵。在能达到 −60℃ 的南极大陆，为了不让卵冻坏，企鹅爸爸会把卵放在自己脚上。雄鸟们也会像"蒸馒头"一样，紧紧靠在一起，抱团取暖，抵御严寒。

积极育儿的雄性

雄性动物通常不大参与育儿活动。尽管如此，还是有一些积极养育幼崽的雄性动物。

比如，雄性克氏双锯鱼会把雌性的卵放在自己嘴里，保护它们不受敌人伤害。同样，雄性的钩头鱼和产婆蟾也会去保护雌性产的卵。

多数的鸟类都是雌性孵蛋，也有雄性鸟类会孵蛋。除了帝企鹅和家鸡之外，在水稻田里生活的彩鹬（yù）和大型鸟类鸸鹋（ér miáo），其雄性也承担着孵蛋的任务。

用落叶的量调节温度

雄性冢雉（zhǒngzhì）会将落叶聚集在一起，形成一个很像"坟头"的土堆。微生物分解落叶的时候，就会产生热量，土堆也会暖和起来。雌性冢雉感觉雄性做的土堆里的温度合适，就会在那里产卵。雄性会让土堆的温度保持在 33℃ 左右，温度下降后，它就会继续添加落叶。

冢雉

在爸爸的额头上抚育孩子

钩头鱼是海洋鱼类中知名度较高的"模范奶爸"，它有一个别名，叫"护子鱼"。雄性钩头鱼头顶上有一个钩状的结构，可以挂住雌性产的卵块。在卵孵化之前，雄性会全力保护好卵不被敌人吃掉。鱼卵只要跟爸爸在一起，就什么都不怕。

钩头鱼

父亲育儿是什么样的呢？

动脑想一下 嗯……

哺乳类的幼崽是通过饮用营养丰富的母乳来进行生长发育的。因此，刚出生不久，雄性能参与的育儿实践可能会显得比较少。

但是，雄性哺乳类动物也有能做的事情。比如，保护家人不受外敌的伤害，寻找食物给家人吃，还要教幼崽如何在严酷的自然中生存，等等。

至于人类，父亲参与育儿活动是非常普遍的。父亲育儿会是什么样的呢？和母亲育儿相比，会有哪些相同之处和不同之处呢？我们可以试着思考一下。

夫妻协力

共同育儿

网纹箭毒蛙

**雄蛙负责背孩子
雌蛙产卵喂孩子**

雄蛙会背着从卵中出生的小蝌蚪，一只一只地将它们带到安全的水洼里。因为水洼里很少有吃的东西，所以，雌性蛙会产下没有受精的卵给孩子们吃。

动物的育儿形式

我们人类通常是一位男性和一位女性结婚。因此，需要夫妇二人齐心协力，共同养育孩子。

虽然照顾孩子很辛苦，但是，也会很开心。因为，看着孩子一点点成长，也是为人父母的一件非常喜悦的事情。

那么，动物也会有同样的喜悦感吗？鸟类的夫妇会携手养育雏鸟。它们会轮流守护卵，取食物给雏鸟吃。有些雄鸟和雌鸟甚至会分泌"乳汁"给雏鸟吃。

除此之外，夫妇协力照顾孩子的还有一些稀有的蛙类和鱼类。夫妻合作，孩子们才能更安全地成长。

那么，它们到底如何协力育儿，我们来看一看吧。

人类

父亲和母亲的角色分工

父亲在外面工作，母亲在家带孩子。在过去，这样的"男主外，女主内"的角色分工比较普遍。然而现在，不分男女，夫妻二人共同工作的情况越来越多，两个人一起抚养孩子便成为普遍现象。

昼夜交替着孵蛋

雌性斑鸠会在天敌较少的夜晚孵蛋，而雄性则在比较危险的白天负责孵蛋。雏鸟会把头伸进父母的嘴里，喝一种被称为"鸽乳"的营养丰富的乳汁。雄鸠和雌鸠都可以分泌这种乳汁。

山斑鸠

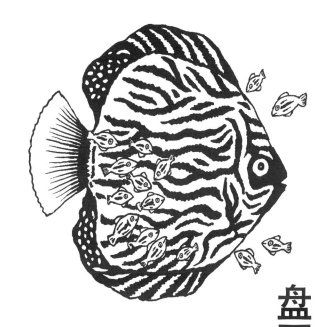

盘丽鱼

雄性和雌性都能分泌出"乳汁"的鱼

一般来说，鱼类在产完卵之后就不再养育幼鱼了。但是，盘丽鱼的父母会给幼鱼喂"乳汁"，来养育幼鱼。因为，无论是雄性盘丽鱼还是雌性盘丽鱼，都能从身体表面分泌出"乳汁"。

大家一起养育孩子

人类

全社会都在照看孩子

养育孩子的不只是父亲和母亲，像爷爷奶奶、附近的大人也都会参与。从更宏观的视角来看，可以说整个国家和社会都在养育孩子。

共同守护孩子的大人们

在人类社会中，除了父亲和母亲以外，爷爷和奶奶、外公和外婆也会帮忙带孩子，因为他们都是一家人。

但是，只有一家人才会帮忙带孩子吗？

让我们看看周围吧。好朋友的家长、住在附近的邻居、学校的老师及课外培训班的老师等等，难道不是这些大人在共同守护着孩子们的成长吗？！

这样的事情在动物界比较罕见。但是，其中还是会有大家一起守护孩子的动物。

族群中的保育园

"Crèche"在法语中是托儿所的意思，原本特指动物中集体育幼的行为。孩子们聚集在一起，由"大人"轮流照顾。妈妈们会时不时地回到这样的"托儿所"，给孩子喂奶。企鹅等鸟类就有非常多的"托儿所"。

长颈鹿

银喉长尾山雀

育儿助手

不仅仅是父母，哥哥、姐姐等其他家人也会给雏鸟喂东西吃。另外，其他年轻的银喉长尾山雀也会当助手来协助育儿，积累育儿的经验。

狼

作为玩伴的哥哥姐姐

狼的幼崽长大以后，年长些的哥哥姐姐会代替去为大家觅食的妈妈来照顾幼崽。和幼崽一起玩耍、教它狩猎的方法等等，也是哥哥姐姐的职责。

相续的吗？
生命是代代

需要学习呢？
什么样的事情

老虎

一起玩耍是狩猎的演习

老虎在发现猎物后，会悄悄地靠近它，以免被察觉，然后用尖利的牙齿攻击对方。虽然育儿是雌虎的职责，包括教它们狩猎，但是幼虎也会互相打闹玩耍，一边玩儿一边进行狩猎练习。猫的幼崽互相打闹玩耍也是同样的道理。

为了生存需要掌握的重要技能

人类的孩子从小就要学会生活中必要的事情。比如，如何吃东西，如何上厕所，等等。对，从小也要学会说话。稍微长大一点儿，就要学习计算的方法，为了了解世界而进行各种学习。这样的学习能丰富人类的生活。

动物们为了在自然界中生存下去，也不得不学习许多必要的技能。

哪些是安全的食物，怎样能得到食物，如何保护自己不被敌人伤害……动物们是怎样学到生存所必需的本领的呢？

金丝猴

学习育儿的方法

年轻的雌性金丝猴在还没有自己的孩子的时候，会帮忙照顾其他雌性金丝猴所生的幼崽。那也是为了自己以后当母亲所进行的练习。

蟋蟀

学习终止打架的方法

雄蟋蟀经常打架。但是，打架打得太激烈会导致死亡。所以，它们在不断打架的过程中逐渐学会了如何终止打架。

动脑想一下

嗯……

游戏当中也有学问？

动物们看起来好像可以一边玩，一边学习各种东西。大家也都是在开心地学习吗？

并非只是面对课桌的学习才是学习。读书、帮家里的忙也是学习。此外，和朋友玩的时候也能学到各种各样的东西。

比如，在和朋友玩投接球的时候，能学到什么呢？

像关心朋友等许多美好品质，在游戏当中也可以学到。

想一想，大家在平时的游戏当中能学习到什么呢？

独自一人生活下去

草原犬鼠

孩子一长大，父亲就离家出走

草原犬鼠主要生活在洞穴里，只有在吃草的时候才会外出。孩子外出的时候，父母会做好守护，防范敌人袭击。孩子长大后，父亲就会离开洞穴，把洞穴让给孩子。

离开家园，独立生活

　　长大了的动物，总有一天要独自生活。

　　也就是说，从此要自己去获取食物，组建家庭，延续下一代的新生命。这就是独立，也被称为自立。

　　为此，孩子要从父母那里学到生存所必需的本领。

　　父母会敦促孩子自立，有时很温柔，有时也会很严厉。比如，长大了的雄性动物经常会被强行赶出自己的家庭和群体。

　　那么，人类会是怎样的情况呢？

狐狸

悄悄守护孩子独立

狐狸幼崽到了三个月大的时候，狐狸爸爸就不给它喂食了，而是让它独自去狩猎。但是，爸爸会悄悄地帮助它，比如，它会把猎物放在幼崽很容易得手的地方。等幼崽再长大一些，爸爸会以严厉的态度把孩子赶出去，促使孩子独立。

长臂猿

什么都替孩子做
过度保护的父母

作为家长，长臂猿父母会协力养育孩子大约 8 年的时间。有些父母会帮助孩子，直到它走向独立、拥有领地为止。有时候，一些父母甚至会一直帮助孩子，直到它们找到结婚对象。

人类

大多数的人会和父母在一起生活 20 年左右。即使有了独自生活的能力，在自立以后，也经常会去拜访父母，或者接受父母的帮助。

慢慢地自立起来

自立就是靠自己的力量生活。从这个意义上来说，开始工作的时候就等于自立了。不过，父母和孩子的亲子关系还一直维系着，而且在生活当中也会互相帮助，这也是人类的基本特性。

动物的寿命和身体的大小

动物的生命总有终结的时候，不可能永远活下去。

动物们能活多久呢？当然，即使是同一种类的动物，有的会活很长，有的则很快就死去了。

看看动物的"寿命图"吧。这里只取年龄的平均值。按照这样的排列，貌似体形越大的动物寿命也越长。

据某项研究结果显示，心脏的跳动频率决定寿命的长短。心脏跳动得越缓慢，则越能长寿。一般来说，动物的体形越大，心脏跳动得越缓慢。

● 鳗鲡
鹤
蟒蛇
20～30 年

● 太平洋蓝鳍金枪鱼
（太平洋黑鲔）
20 年以上

● 猎豹
日本绚鹦嘴鱼
7 年

● 飞蝗
燕子、萤火虫
蟋蟀
1 年

20

● 猫头鹰
孔雀
20 年

● 野猪
6～10 年

● 鬣狗
19 年

● 赤狐萨哈林亚种
6～7 年

● 菜粉蝶
3 个月

● 环尾狐猴
16～19 年

● 大杜鹃（布谷鸟）
6 年

● 虎
梅花鹿（雌性）
大熊猫
帝企鹅
小天鹅
15～20 年

● 斑嘴鸭
5～10 年

15

● 海獭
15 年

※ 以上寿命的年数是估算值

● 狗
猫
14 年

动物寿命大约有多长？

● 鹅、棕熊
马、斑马
25 年

● 北极熊
日本猕猴、驴
25~30 年

30

● 斑海豹
30 年

● 山地大猩猩
单峰骆驼
35 年

40

● 阿氏前口蝠鲼
宽吻海豚
40 年

● 虎皮鹦鹉
7~8 年

● 牙鲆鱼
（比目鱼）
8 年

● 黑猩猩
河马、尼罗鳄
45 年

50

● 真蛸
水母、青鳞鱼
1~2 年

● 麻雀
1~ 数年

● 猪
9~15 年

● 亚洲象
60 年

● 斑透翅蝉（成虫）
2~3 周

● 球鼠妇（潮虫）
大马哈鱼
3~4 年

● 雉鸡
斑嘴环企鹅
啄木鸟
10 年

20

● 非洲草原象
大白鲨
70 年

● 甲虫（成虫）
大约 1 个月

● 汤氏瞪羚
梅花鹿（雄性）
10~12 年

80

人类
80 年

● 锹形虫（成虫）
2~3 个月

● 日本松鼠
3~5 年

● 考拉
10~13 年

蓝鲸
85 年

● 暗绿绣眼鸟
5 年

5

● 斑点盖纹沙丁鱼
5~6 年

● 狮子、长颈鹿
绵羊
10~15 年

● 象龟
100 年以上

● 山斑鸠
10~20 年

● 树懒
12 年

100

143

只有人类？举行葬礼的

孩子护理父母

人死后，儿子、孙子等家人，以及亲戚、邻居、活着时关照过的人等等，很多人都会为他送行。可以说，这是人类区别于动物的特有的一种行为。

人类

和去世的人告别

人死后，会举行"葬礼"。葬礼有各种各样的形式，但是，多数情况下都是亲近的人聚集在一起，和去世的人做最后的告别。

大多数自然界的动物不会做举行葬礼之类的纪念仪式。有的会孤独地死去，也有的会在族群中死去，却被同伴当成障碍扔出巢穴。

可是，还是有些动物会在家人和同伴死去时表现得很悲伤，甚至会做一些类似人类举行葬礼般的事情。

鹤

永远相爱下去

夫妇俩一方死后，另一只鹤就会悲伤地鸣叫。它会一直待在尸体旁边，尽最大努力保护死去的鹤尸身不受敌人伤害。即便尸体变成骨头，被大雪覆盖，它也不离不弃。

大象

大象也有葬礼吗？

大象有时会用泥土和树枝覆盖住死去的伙伴。据考察，有时大象会排成一列，依次抚摸死去的同伴，并献上鲜花，好像在举行葬礼一样。

你想要一个什么样的葬礼？

现在，将逝去的人火化，只把他们的骨灰埋入坟墓里比较普遍。另外，有时也会把逝者的骨灰撒入大海里或高山上，有时也会埋在树下。最近，竟然还有人将骨灰撒在宇宙太空里。

如果将来有一天自己去世了，你希望怎么办呢？你希望谁来参加自己的葬礼呢？自己的骨灰想要如何安置呢？

也许这是很久以后的事情了，不过，我们也不妨稍微思考一下。

生命的延续

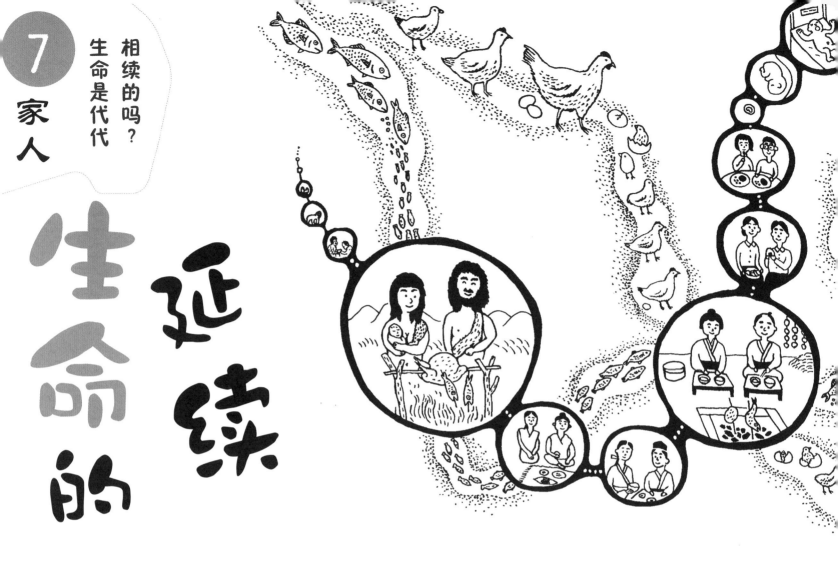

远古时代传下来的生命接力棒

思考自己死亡这件事，是不是会很痛苦？可以的话，尽可能不去想，一想就会感到非常不安，很多人都是这样吧。

但是，无论是谁，总有一天会死去。而且，死后会是什么样子，谁也不知道。

我们知道的是，人类的生命从远古时代就被代代相传着，而且我们的生命也会被未来的生命所接续。

虽然一个人的寿命只有80年左右，但是从人类整体来看，生命会一直延续到看不到终点的遥远未来。

这样想来，大家对"死亡"的看法是不是也多少会有些不同了呢？

所有生命都是相互关联着的

让我们将目光投向身边熟悉的动物吧。在池塘里欢快游泳的鲤鱼，在广阔天空中自在飞翔的小鸟，在土地上努力爬行的蚂蚁……

所有的动物都和人类一样，从很久以前开始，一边延续着生命，一边努力生存着。

而且，我们也会吃肉和鱼等食物，从而维持生命。"我要开动了！"是表达对其他动物宝贵生命的感激。所有的动物都因为获得包括植物在内的各种生命，才能维持自己的生命。

我们人类也作为这一庞大的"生命链"中的一部分而生活着。

从动物拓展到人类的世界

在大家的周围，生活着很多动物。人类跟这些动物一边相处，一边共同生活。同时，和动物相关的工作也有很多。

从身边的生活到将来从事的职业，让我们来看一下形形色色的动物世界吧。

骑马·钓鱼

骑马是骑在马背上的娱乐活动，也叫马术运动。钓鱼一般是在河边或海上，用绑着鱼钩的鱼线连在鱼竿上，进行捕鱼的一种休闲活动。

一起生活和动物

宠物

和人类一起居家生活的动物。比如，猫、狗等哺乳类，鹦鹉等鸟类，小金鱼等鱼类，以及独角仙等昆虫类，等等。

野鸟观测

倾听一下在森林或河流等自然界里生活的小鸟们的鸣叫声，观察它们的行动，享受它们带来的乐趣。

动物园·水族馆

即便不去遥远的国外（比如非洲肯尼亚），仅去动物园或水族馆，也能看到很多动物。

导盲犬

帮助盲人的狗。除此之外，还有帮助行动不便的人的护理犬、帮助听力有障碍的人的助听犬等。

动物研究者

在大学和研究所研究动物。调查、研究动物的身体结构、繁殖方式和成长过程等。有时也会思考动物和人类之间，哪里相同、哪里不同等。

宠物美容师

负责给宠物修剪毛发的工作。也被称为犬猫美容师。如果"发型"剪得很酷，不仅是主人，宠物或许也会很开心吧。

和动物一起工作

医药研究员

致力于研发与人类疾病有关的药物。为了证明它对人类是否无害或有效，会用老鼠之类的动物进行实验。

犬类调教师

调教作为宠物的犬类。如果我们的爱犬乱咬人或随地撒尿，会令人十分头痛。调教师会告诉我们如何管教它，这是他们一项非常重要的任务。

兽医

动物医生。治疗生病或受伤的宠物。有时也会去动物园和水族馆给动物看病。家畜也是他们的患者哦。

动物护士

辅助兽医工作的人。负责给动物做检查和注射，还协助兽医做手术。也会负责照顾生病和年老的宠物。

护林员

致力于保护生活在自然界中的动物，密切监视想要猎捕野生动物的偷猎者。统计动物数量也是他们的一项重要任务，他们还可以近距离感受野生动物。

训犬师

负责导盲犬、护理犬及助听犬等犬类训练的职业。还饲养协助调查的警犬，以及在地震发生时，帮助人类确认被埋者位置的救灾犬。

自然向导

陪同游客一起在大自然中漫步，并介绍自然环境的工作。需要掌握动植物、地形和气候等广泛的知识。

饲养员

在动物园和水族馆中负责照料动物的人。给饲养的动物喂食，管理它们的健康。有时也会帮助动物接生幼崽。

动物摄影师

专门拍摄动物写真的摄影师。特别是为了抓拍在自然界中生存的野生动物，经常进行环球旅行，去往世界各地的野生动物栖息地。拍摄的照片常被用于广告宣传和书刊出版等。

斗牛士

和力量强大的公牛一对一地战斗，是一项没有勇气就无法胜任的工作。

鹰匠

为了狩猎，饲养并训练鹰。过去一般是靠出售鹰捕获的猎物来维持生活，现在则是在一些大型活动中表演猎鹰的狩猎技巧。

饲养动物的·捕猎

奶农

牛奶就是奶牛的乳汁。经营乳业的奶农最重要的工作是给牛喂食。吃着美味食物的牛可以产出美味的牛奶。

渔夫

他们靠捕捞河流、湖泊、大海中的鱼类和贝类等动物为生。每天一大早就出海捕鱼，有时候甚至会在船上生活好几个月。

养鸡户

为了生产鸡蛋和鸡肉而养鸡。为了高效地饲养，就会把鸡一只一只圈养在狭小的笼子里；而有的地方会让鸡四处活动，自由放养。

海士·海女

从事潜水捕捞的渔民。他们会潜入海里，收集蝾螺和鲍鱼等贝类、裙带菜等海藻类。在日本，汉字中男性写作"海士"，女性写作"海女"，但二者读音相同。

畜牧户

畜牧农家为了得到肉而饲养家畜；养蜂人养蜂，是为了产蜂蜜；蚕农养蚕，是为了生产出生丝。

猎人

通过设置陷阱来捕捉野鹿和野猪。过去，猎人获取食物是一项重要的工作。但是如今，猎人多数只驱除对人类有害的动物。

作者后记

全球环境研究专家、
日本综合地球环境学研究所教授
阿部健一

听出版社的编辑说要做一本面向孩子们的实用书。听到这个策划的时候，我第一感觉是有点儿异想天开。

如果我是一个孩子，父母给我买了一本"实用"书，我会不会觉得很开心呢？绝对不会，我会非常讨厌它。我喜欢书，但不太喜欢实用书。因为一听有人说"将来会有用"，就总感觉基本上不会有什么大用（个人认为）。

而且，据说还是一本跟动物学习的实用书，这就更不像话了。怎么可以想让动物发挥什么作用呢，动物和自然又不是为了服务于人类而存在的。

孩子们都喜欢动物。99%的男孩子（虽然没有好好调查过）喜欢昆虫。虽然大部分女孩子都讨厌虫子（大概没错）。然而，即使是讨厌虫子的女孩子，也会觉得小猫、小狗等动物非常可爱。

和喜欢的动物互动接触的同时，孩子们可以学到很多东西。从动物那里学知识，应该不需要书本吧……

但是，以上仅代表我一方面的想法。

另一方面，有时候我也会想，如果有这样一本书——就像我生物学老师日高敏隆先生经常说的"动物也是人类"那样的书。

我们或许经常能听到"人类也是动物"这种说法。没错，非常正确。但是，是不是也可以说，"动物也是人类"呢？

这里所说的"人类"是什么呢？人类和动物，哪里相同，哪里不同呢？

我和编辑森先生一起，一边思考着，一边开始打磨起这本书的框架来，想把它做成迄今为止没有过的动物书，于是，就做成了这样一本通过动物来反思人类的书。

越思考越会觉得，人类绝对是所有动物中最奇特的动物。

比如，无论是对人类，还是对动物来说，没有比吃更加重要的了。但是，即便如此，还是有区别的。比如，动物们会很享受吃东西的过程吗？经常生活在"生还是死"的边缘，应该没有那份闲心去感受更多吧。为了口感更好而用各种方法烹饪食材的，大概只有人类吧。比起一个人吃，大家一起吃更觉得开心的，也只有人类吧。

奇特的动物也是聪明的动物。

我们尝试来想一想，动物如果骨折或者生病，在自然界中想要继续生存下去应该比较困难。但是，人类有医院，可以去看医生，吃药。人类和其他动物的区别，就在于人类有智慧和技术。不，也许应该更准确地说，动物如果身体不好，也会找一些相当于"药"的东西来吃。从这一点来说，它们也是有智慧和技术的。

人类和动物最大的区别，就在于人类能够不断积累智慧和技术吧。从爸爸妈妈那里，再往前，从爷爷奶奶那里，以及更往前的祖先那里，人类一直在不断地接受知识，不断努力，为了更好地生活而逐渐"进步"着。100年前的动物和现在的动物，生活方式几乎完全一样。但是，100年前的人类和现在相比，生活方式则截然不同。100年后，人类的生活方式的变化应该会更加巨大吧。人类具有逐渐改变自己生活的力量。

但是，这种力量有时也会被用于错误的方向。本应聪明的人类却会发动战争，破坏环境，破坏自己的家园。为何人类要相互残杀？毫无理由就可以改变自然环境吗？动物们绝对不会做这种事。它们虽然会为了生存而战斗，但不会进行无益的杀戮，也不会猎取过多的食物，更不会弄脏对自己来说至关重要的自然环境。

我们可以从动物那里学到很多东西。但是，这不仅仅是为了"有用"。 而是学习"思考"我们自己、人类乃至整个社会。

我希望大家能了解到有些东西是不可改变、极其重要的。因此，在本书当中，列举了动物界中所没有的葬礼，就是为了这样的理由。

知道自己迟早会死亡的只有人类。孩子们可能还没有意识到，但是随着我们慢慢长大，死亡就会离我们越来越近。为什么人类会举行动物所没有的葬礼，也希望大家能思考一下。

最后，我们该怎么称呼这本书呢？话说回来，或许这还真的是给孩子们的"实用"书，从动物那里学习的书，思考人类的书。如果能成为这样的一本书，我认为就很好。

为了引发孩子去思考，我尽量不做太多的解释。但是说实话，其中的度很难把握。很多地方我们做得也不尽如人意，希望各位"宝爸宝妈"、各位老师能够辅助弥补一下。这也算是来自本书创作者的一个请求吧。

策划·编辑·译者后记

神户大学地域文化学硕士、
丁虹绘本馆创始人兼总编辑、资深编辑、译者

丁 虹

　　起初，我接到这本《动物生活图鉴》时，也曾抱着拒绝的态度。这一点跟本书作者阿部健一先生不谋而合，直接导致我差点儿跟这本书擦肩而过。

　　我对科普绘本的偏爱和固定观念的养成，应该源自2012年翻译《加古里子科学图鉴：我们生活的这个世界》，也就是《海洋图鉴》《地球图鉴》《宇宙图鉴》和《人类图鉴》。并在此之后，一发不可收地翻译了松冈达英先生的《一座岛屿的100年》等科普绘本大师的科普精品。

　　后来我到了北京天域北斗集团，并于2019年1月，创办了丁虹绘本馆，策划、编辑及翻译了松冈达英先生的《一家人看世界：去非洲看动物》。这本科普绘本被《环球科学》杂志社和童书妈妈三川玲评为"最佳科学插画奖"作品。

　　于是，在我的大脑里，彻底界定了优秀科普绘本的模式：独特统一的画风，生动美好的文字。而在《动物生活图鉴》里有三位插画家，画风首先就不统一；全球环境研究专家主创的文字，其文学性也令我质疑。编辑的老毛病让我有些主观臆断。

　　因此，起初并没有想好好策划、编辑、出版它，更没有想亲自去翻译它。总觉得它跟我心目中的科普绘本形象上有一些差距。后来，我们北斗集团的张志豪总裁（董事长）说这是一本好书，读下去就会知道。碍于张总是编辑出身，也是识我的伯乐，没有拒绝的理由，先接下来吧。

不过，接是接了，却迟迟没有想到翻开它，甚至翻译它。直到后来，在日留学时的好友沈煊（现定居日本），也是一位熟谙日本文化的孩子母亲，她听说此事后对我说，她看了原版，越看越有意思。我将信将疑，真有那么好吗？

于是，做国际贸易的沈煊请我教她如何翻译书，我便以这本书为例，给她讲解。可是，已被日本语言文化浸润多年的她，翻译的语句让我哈哈大笑，说她像个外国人。但沈煊认真地对我说，这是一本好书，因为里面有很多内容有趣又实用。她很希望中国小朋友也能读到，希望我在中国翻译出版这本书。

我将信将疑地翻起它，一点点看进去……全球环境研究专家主创的文字居然有趣又易懂；许多动物小知识我也是初次知道；三位画家分工不同，毫不凌乱，其中还有 BIB 金苹果奖获得者……这些都令擅下结论的我汗颜。

生动有趣、发人深思的话题，"你想和什么样的动物一起生活？""人类也有'领地'吗？""让我们像丹顶鹤一样，跳舞表达爱意！""让我们试着像树懒一样睡觉吧！"这样的句子在《动物生活图鉴》里随处可见。配以稚趣唯美的插画，启迪我们思考动物行为与生态的同时，也会让我们自然联想、反思人类的生活。

比如：

对孩子过度保护的长臂猿父母——

作为家长，长臂猿父母会一起协力，养育孩子大约八年的时间。有些父母会帮助孩子，直到它走向独立、得到领地为止。甚至还有些父母会一直帮助孩子，直到它们找到结婚对象。

默默守护孩子独立的狐狸爸爸——

狐狸幼崽到了三个月大的时候，狐狸爸爸就不给它喂食了，而是让它独自去狩猎。但是，爸爸会悄悄地帮助它，比如把猎物放在幼崽容易得手的地方。等幼崽再长大一些，爸爸会严厉地将孩子赶出去，促使孩子独立

……

像这样有趣的科普图文讲解小版块，全书共有250多个。可以促使我们通过动物的育儿及生活方式来反观我们人类。可以说这是一部写给孩子和大人的实用科普书。最大特点是贴近生活。这本书里讲述了动物的家、饮食、睡觉、伤病、伙伴、恋爱和家人等7大生活主题，还有60个新颖有趣的小话题，29个实验小贴士，以及数百幅BIB金苹果奖得主领衔绘制的精美手绘图，生动再现了近300种野生动物的生活风貌。

　　我原本想，内容如此丰富，文内一定会比较繁杂，不易阅读。后来发现，里面的排版设计逻辑清晰、条条有理，超乎想象。一级标题、二级标题……说明版块、图文版块、小贴士、趣味游戏等，井然有序又丰富多彩，让我这个挑剔的出版人也赞不绝口。文字也是通俗易懂，有趣的知识点爆棚。感觉作者和日本出版社的编辑们都下了很大的气力。

　　既然如此，我们这边负责中国简体字版翻译出版的中国编辑也绝不含糊。我作为本书的译者兼责任编辑，得天独厚，可以边翻译边编辑。采纳读者一直以来的建议——将生僻字、难念字都标注了拼音。这也是首次在科学绘本上做这样的尝试。之前总是担心太多的标注会破坏画面。这一回，在编辑们积极努力之下，既满足了读者要求，又重视了画面美观，对我来说，是一次重要突破。

　　阿部健一先生说："孩子每天都要开开心心地生活。孩子的童年不是为了长大成人而存在的。他们和大人一样，生活既要丰富，又要充满活力。希望他们在孩提时代，就能通过喜爱的动物，遇见、了解到这些事情，思考并尝试这些靠近自己的生活方式。"

　　日本大阪府立图书馆如此评价它："动物到底是什么，人类究竟有多神奇，这本大型科普绘本让孩子了解各种动物的生活方式的同时，也能对自己的吃、住、家人和朋友等生活和生命相关话题进行深度思考。"

　　我从小喜欢大自然、喜欢动物。能有幸跟《动物生活图鉴》这本书结缘，希望通过了解野生动物的栖身之处、生存竞争及严苛的生存环境，引导孩子自然地学会反观人类本身的生活环境，培养他们爱动物、爱自然，懂得珍惜和用心守护身边的人与自然。培养深度思考能力，体验更丰富、有意义的童年生活。

凭己所能，传播美好，一直是我做人的目标，也是丁虹绘本馆的出版理念。野生动物是人类赖以生存的生态系统的重要组成。了解动物，就是了解自己。常听人说，人类是动物。这本书告诉我们，从某种意义上来说，动物也是人类，我们可以跟它们学到很多。

丁虹

于 2021 年 10 月 4 日（世界动物日）

制作本书时 参考的书籍

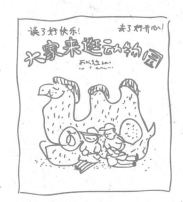

大家来逛动物园
阿部弘士 著/绘
（福音馆书店）

如何跟自然交朋友？
Mollie Rights 著
福井伸子 译
（晶文社）

便便
中野博美 著
福田丰文 摄影
（福音馆书店）

动物的家超有趣 109
铃木守 著/绘
（X-Knowledge）

生物多样性 如何向孩子们传达？
阿部健一 编著（昭和堂）

生物多样性为何重要？
日高敏隆 编著（昭和堂）

动物们的自然健康法
Cindy Angel 著，羽田节子 译（纪伊国屋书店）

我们身边的动物们育儿奋斗记
稻垣荣洋 著（筑摩文库）

大象的时间 老鼠的时间
本川达雄 著（中公新书）

不可思议的睡眠
井上昌次郎 著（讲谈社现代新书）

小学馆的图鉴 NEO 动物 [新版]（小学馆）

小学馆的图鉴 NEO 鸟 [新版]（小学馆）

小学馆的图鉴 NEO 两栖类 [新版]（小学馆）

小学馆的图鉴 NEO 鱼 [新版]（小学馆）

小学馆的图鉴 NEO 昆虫 [新版]（小学馆）

寿命图鉴
山口香织 绘 伊吕波出版 编著（出版）

图书在版编目（CIP）数据

动物生活图鉴 /（日）阿部健一著 ；（日）mirocomachiko,（日）佩可莉,（日）早川宏美绘 ；丁虹译 . -- 昆明 : 云南科技出版社，2022.1
ISBN 978-7-5587-3423-6

Ⅰ. ①动… Ⅱ. ①阿… ②m… ③佩… ④早… ⑤丁… Ⅲ. ①动物—儿童读物 Ⅳ. ① Q95-49

中国版本图书馆 CIP 数据核字（2021）第 255614 号

著作权合同登记号 图字：23-2020-178 号

版权声明

动物生活图鉴
DONGWU SHENGHUO TUJIAN

（日）阿部健一 / 著　 （日）mirocomachiko / 绘　（日）佩可莉 / 绘　〔日〕早川宏美 / 绘　　丁虹 / 译

出 版 人　温 翔		电　话　0871-64190973	
策划监制　丁 虹		书　号　ISBN 978-7-5587-3423-6	
责任编辑　李凌雁　杨梦月		印　刷　北京尚唐印刷包装有限公司	
特约编辑　丁 虹　滑胜亮		开　本　787 毫米 ×1092 毫米　1/12	
装帧设计　赵 凯　卫萌倩		印　张　14.5	
责任校对　张舒园		字　数　250 千字	
责任印制　蒋丽芬　马婷婷		版　次　2022 年 1 月第 1 版	
法律顾问　中咨律师事务所　殷斌律师		印　次　2022 年 1 月第 1 次印刷	
出版发行　云南出版集团　云南科技出版社		定　价　228.00 元	
地　　址　昆明市环城西路 609 号			

孩子每天都开开心心地生活。因此，对于孩子们来说，真正需要的是什么知识呢？

童年不是为了成为大人而进行的修行和忍耐的时期。

希望孩子们也和大人一样，生活既丰富又充满活力。希望他们在孩提时，去了解这些动物，去思考这些事，去努力做更多尝试。

本书收集了关于"动物生活"的实用信息，希望无论是孩子还是大人，都能愉快地阅读这本书。